Lehmanns Media LOB.de

Celine Johanssen • Karl Heinz Weiss
Heiko Schweizer • Beate Brand-Saberi
(Hrsg.)

ANATOMIE & EMBRYOLOGIE

ein Kompendium begleitend zum Freiburger Präparierkurs

Lehmanns Media LOB.de

Berlin 2006

Bibliografische Informationen der Deutschen Bibliothek:

Die Deutsche Bibliothek verzeichnet diese Publikation in der deutschen Nationalbibliografie; detaillierte bibliografische Informationen sind im Internet unter: <http://dnb.ddb.de> abrufbar.

Celine Johanssen • Karl Heinz Weiss • Heiko Schweizer • Beate Brand-Saberi (Hrsg.)
Anatomie & Embryologie
4., erweiterte und überarbeitete Auflage (früher erschienen unter dem Titel „Materialien zum Freiburger Präparierkurs")
2006, Lehmanns Media – LOB.de, Berlin
ISBN: 3-86541-174-6

Vorwort

Das vorliegende neue Kompendium „Anatomie und Embryologie“ baut auf dem Werk „Materialien zum Freiburger Präparierkurs“ auf, das in den vergangenen 5 Jahren von der Mehrzahl der Studierenden der Freiburger Präparierkursteilnehmer mit hoher Akzeptanz verwendet wurde. Die Zusammenschau des bisherigen Lernstoffs im Fach Anatomie und Anwendung auf die praktische und theoretische Arbeit im rasch voranschreitenden Makroskopischen Kurs stellt die Studierenden im dritten Semester vor neue, ungewohnte Herausforderungen. Die Attraktivität dieses Kompendiums zum Präparierkurs liegt in seiner Kompaktheit und kursbezogenen Relevanz inklusive der Beispiele für Testatfragen. Das Zusammentragen von Fakten aus einer Vielzahl von Buchkapiteln für einen bestimmten Präpariertag, eine Leistung der Autoren Celine Johanssen und Karl Heinz Weiss, erweist sich für Kursteilnehmer als äußerst hilfreich und kann darüber hinaus insbesondere in der überarbeiteten Fassung zur Vorbereitung auf den ersten Abschnitt der Ärztlichen Prüfung dienen.

Ergänzt wurde das Skript nun durch einen wichtigen, bisher ausgesparten Teil aus der Feder von Heiko Schweizer: Eine Betrachtung des menschlichen Körpers in der vierten, nämlich der zeitlichen Dimension. Die Embryologie ist seit jeher ein Teil der Anatomie. Sie kann oftmals als Brücke für das Verständnis topographischer oder histologischer Verhältnisse dienen. Für die Analyse von Malformationen sind Kenntnisse der embryonalen Abläufe unabdingbar. Außerdem lassen sich aus der Entwicklungsbiologie wichtige aktuelle Fragestellungen erschließen, wie beispielsweise die der Stammzellbiologie oder der Krebsentstehung. Hierzu ist neben den rein deskriptiven Abläufen auch ein Grundverständnis der molekularen Abläufe erforderlich. Die organbezogene Darstellung der Genexpression stellt in der postgenomischen Ära einen wichtigen Bestandteil der Funktionsanalyse von Genen in der Embryonalentwicklung, Physiologie und Pathophysiologie dar.

Heiko Schweizer hat zu einem entwicklungsbiologischen Thema promoviert und sich weiterhin der Bearbeitung von Fragen zu Entwicklungsprozessen verschrieben. Er verfügt über internationale Erfahrungen in Forschung und Lehre.

Das neu entstandene Skript war lange geplant und bietet nun meiner Ansicht nach eine gelungene Fusion von Inhalten; es wird eine klaffende Lücke in der Literatur schließen.

Zum Start im Wintersemester 2006/07 wünsche ich dem Werk und den Studierenden viel Erfolg.

Beate Brand-Saberi

Fudan-Universität, Shanghai, den 13.09.2006

Legende:

 = klinischer Hinweis

 = entwicklungsgeschichtlicher Hinweis

1. Auflage

Freiburg im August 2006, Celine Johanssen, Karl Heinz Weiss, Heiko Schweizer, Beate Brand-Saberi

Kritik, Anmerkungen und Verbesserungsvorschläge erbeten an:
semester@schweizermed.de

Herausgeber:
Dr. med. Karl Heinz Weiss, Innere Medizin IV, Universitätsklinikum Heidelberg
Dr. med. Celine Johanssen, Innere Medizin III, Universitätsklinikum Heidelberg
Dr. med. Heiko Schweizer, Innere Medizin IV, Universitätsklinikum Freiburg
Prof. Dr. rer. nat. Beate Brand-Saberi, Institut für Anatomie und Zellbiologie II, Universität Freiburg

Titelseite:
Die Abbildung zeigt Mäuseembryonen im Stadium E10.5, E11.5, E13.5 und E14.5.

Inhalt

1 1. Tag

1.1 Inspektion des Präparats

1.1.1 Orientierungslinien

Name	Lage	Verlauf
Vordere Medianlinie	Ventral	Mittellinie über das Sternum.
Sternallinie		Über den lateralen Rand des Sternums.
Parasternallinie		In der Mitte zwischen Sternal- und Medioklavikularlinie.
Medioklavikularlinie		Durch die Mitte der Klavikula. Sie ist oft identisch mit der **Linea mamillaris**, die durch die Mamillen zieht.
Vordere Axillarlinie		Durch die ventrale Achselfalte.
Mittlere Axillarlinie	Lateral	Durch die Spitze der Achselgrube auf der Körperseitenfläche.
Hintere Axillarlinie	Dorsal	Durch die dorsale Achselfalte.
Hintere Medianlinie		Über die Dornfortsätze.
Paravertebrallinie		Durch die Querfortsätze.
Skapularlinie		Durch den Angulus inferior der Skapula bei adduziertem Arm.

Tabelle 1: Orientierungslinien am Körperstamm

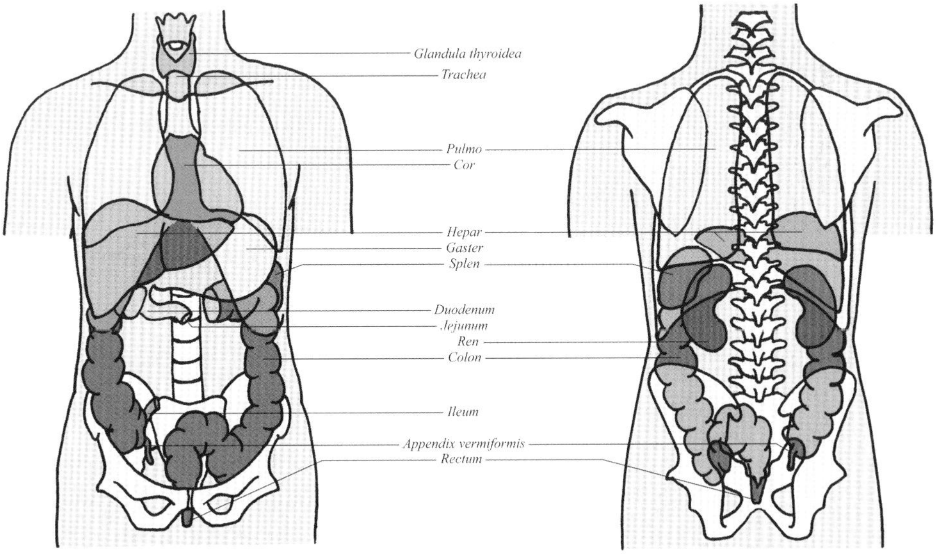

Abbildung 1: Projektion der Organe

1.1.2 Projektion der Organe

Organ	Lage
Schilddrüse (Gl. thyroidea)	Die Schilddrüse liegt U-fömig vor der Trachea. - Sie liegt kaudal des Kehlkopfes, den ihre Seitenlappen teilweise bedecken.
Herz (Cor)	Bei einer Projektion liegen $^{2}/_{3}$ des Herzens links, $^{1}/_{3}$ rechts der Medianlinie: - **rechter Rand**: 2 cm vom rechten Rand des Sternums. - **linker Rand**: ca. 1 cm medial der Medioklavikularlinie; schräg vom 2. Interkostalraum parasternal bis zum 5. Interkostalraum. - **oberer Rand**: zwischen dem 2. Interkostalraum und dem Oberrand des 3. Rippenknorpels. - **unterer Rand**: Ansatz der 6. Rippe. Die **Herzlängsachse** (von der Herzspitze bis zum äußeren Rand des rechten Vorhofs) beträgt beim Adulten ca. 15 cm. Sie verläuft schräg und bildet mit allen drei Hauptebenen (Sagittal-, Frontal-, Transversalebene) einen Winkel von 45°.
Lunge (Pulmo)	Bei der Atmung verschieben sich die Lungengrenzen um 3-6 cm. Die folgenden Angaben gelten für die respiratorische Mittelstellung: - **kraniale Grenze**: Die Lungenspitzen reichen 3-5 cm über die Klavikula. - **kaudale Grenze**: Die Lungenbasen liegen dem Zwerchfell auf (in der Sternallinie auf Höhe der 6. Rippe, in der Paravertebrallinie auf Höhe der 11. Rippe). - Die linke Lunge ist etwas kleiner und zeigt eine Incisura cardiaca.
Zwerchfell (Diaphragma)	Das Diaphragma liegt unter Herz und Lunge. - Bei der Exspiration (*Inspiration*) steht es ventral auf Höhe der 4. (*7.*) Rippe, dorsal auf Höhe des 8. (*11.*) Brustwirbelkörpers. - Im Alter sinkt das Zwerchfell wegen der Zunahme der Rippenneigung etwas ab.
Leber (Hepar)	Die Leber liegt zum Großteil **intraperitoneal** auf der rechten Seite. - Der untere Leberrand fällt mit dem **Rippenbogen** zusammen. - Die Oberkante reicht bis an das Zwerchfell und ist mit diesem verwachsen. Dort fehlt demzufolge das Peritoneum (→ Name dieser Region: **Area nuda**).
Dickdarm (Colon)	Der Dickdarm gliedert sich in vier Abschnitte: - **Pars ascendens**: 25 cm lang, verläuft vom Zäkum bis zur Unterfläche des rechten Leberlappens (**sekundär retroperitoneale** Lage). - **Pars transversa**: 50 cm lang, verläuft in einem konvexen Bogen zum vorderen Milzpol und lagert sich dabei der Unterfläche der Leber, der Gallenblase und der großen Magenkurvatur an (**intraperitoneale** Lage). - **Pars descendens**: 25 cm lang, reicht hinab bis auf die Höhe des linken Darmbeinkamms (**sekundär retroperitoneale** Lage). - **Colon sigmoideum**: schwankende Länge von ca. 45 cm, verläuft abwärts zum kleinen Becken, aufwärts zum Promontorium und dann wieder zurück ins kleine Becken und geht dort in das Rektum über (**intraperitoneale** Lage).
Blinddarm (Appendix vermiformis) 	Die Appendix vermiformis liegt **intraperitoneal**. Für die Untersuchung bei V.a. Appendizitis sind zwei Orientierungpunkte wichtig: - Die Abgangsstelle des Blinddarms liegt meist am **McBurney-Punkt**: auf einer gedachten Linie zwischen Nabel und Spina iliaca anterior superior, ca. 6 cm von der Spina entfernt. - Der Druckpunkt der Spitze ist meist der **Lanz-Punkt**: der rechte Drittelpunkt auf einer gedachten Verbindungslinie der beiden Spinae iliacae anteriores superiores.
Niere (Ren)	Die Nieren liegen **retroperitoneal** links und rechts der Wirbelsäule. - Die linke Niere liegt zwischen der 11. Rippe und der Oberkante des 3. Lendenwirbels. - Die rechte Niere liegt zwischen der 12. Rippe und der Unterkante des 3. Lendenwirbels.
Milz (Splen = Lien)	Die Milz liegt **intraperitoneal** im linken Oberbauch. - Ihre Längsachse entspricht dem Verlauf der 10. Rippe. - Die Milz schmiegt sich durch ihre konvexe Form dem Zwerchfell an.

Tabelle 2: *Projektion der Organe auf die Körperoberfläche*

1.2 Hinterhaupt und Nacken

1.2.1 Nackenhaut

- Hier ist die **Kutis** besonders dick.
- Die **Subkutis** enthält kräftige Bindegewebszüge, die zu einer Kammerung und zu Faltenbildungen führen.

1.2.2 A. occipitalis

- Ast der **A. carotis externa**.
- Verläuft hinter dem Venter posterior des M. digastricus über die V. jugularis interna hinweg im **Sulcus a. occipitalis** des Os temporale nach dorsal. Sie wird dabei bedeckt vom M. sternocleidomastoideus.
- Sie durchbohrt lateral von der Protuberantia occipitalis externa den **M. trapezius** und verläuft mit ihren Endästen bis in die Gegend der Sutura coronalis. Begleitet wird sie dabei von der **V. occipitalis** und dem **N. occipitalis major**.
- Sie versorgt die Nacken- und Kopfmuskulatur, die Haut des Hinterhaupts sowie Anteile der Hirnhaut.

1.2.3 N. occipitalis major

- Sensibler **R. posterior des 2. Spinalnerven**.
- **Versorgt die Kopfhaut** vom Hinterkopf bis zum Scheitel.
- Durchbohrt kaudal des M. obliquus inferior den M. semispinalis capitis und die Ursprungssehne des M. trapezius. Dann begleitet er die **A.** und **V. occipitalis** in die Kopfhaut.

1.3 Rücken

1.3.1 Michaelis´sche Raute

- Im Hautrelief sichtbare Raute im Sakralbereich.
- Sie entsteht durch Einziehungen der Haut an den **Spinae iliacae posteriores superiores**, der **Apex ossis sacri** und dem **Processus spinosus vertebrae lumbalis V**.
- Sie ist bei Frauen deutlicher sichtbar als bei Männern.

  - Sie erlaubt Rückschlüsse auf die **Beckeninnenmaße** (Bestimmung der Weite des Geburtskanals).
  - Auch **Skoliosen** (= seitliche Verbiegungen) der Lendenwirbelsäule oder Beckenverformungen sind an der Form der Michaelis´schen Raute erkennbar.

1.3.2 Allgemeine Körperfaszie

- Die allgemeine Körperfaszie umhüllt die Gesamtmuskulatur des Rumpfes bzw. der Extremitäten.

- Definition: Faszie
  Unter einer **Faszie** versteht man eine nur wenig dehnbare Hülle aus kollagenen und elastischen Fasern, die einzelne Organe, einzelne Muskeln oder Muskelgruppen umgibt. Ihre Bezeichnung richtet sich nach dem jeweils umhüllten Organ.

1.3.3 Fascia thoracolumbalis

- Die Fascia thoracolumbalis bildet eine Loge im Lumbal- und Thorakalbereich für die autochthone Rückenmuskulatur. Sie besteht aus zwei Blättern, die sich lateral vom M. iliocostalis vereinigen:
  - Das obere Blatt ist an den Dornfortsätzen befestigt und dient als Ursprungsaponeurose für den **M. latissimus dorsi** und den **M. serratus posterior**.
  - Das tiefe Blatt ist an der 12. Rippe, den Processus costales der Lendenwirbel und an der Crista iliaca befestigt. Hier entspringen der **M. transversus abdominis** und der **M. obliquus internus abdominis**.

1.3.4 Übersicht zur Schultergürtelmuskulatur

Schultergürtelmuskulatur	dorsale	ventrale
	M. trapezius M. levator scapulae M. rhomboideus minor M. rhomboideus major M. serratus anterior	M. subclavius M. pectoralis minor *

* Der M. pectoralis minor wird von einigen Autoren auch zur Schultermuskulatur gerechnet.

1.3.5 M. trapezius

Der M. trapezius gehört zur dorsalen Schultergürtelmuskulatur.

Ursprung	Ansatz	Funktion	Nerv	Gefäße
- **Protuberantia occipitalis externa** - **Processus spinosi** der HWS (über das Lig. nuchae) und der BWS (über die Ligg. supraspinalia)	- **Klavikula** (laterales Drittel) - **Akromion** - **Spina scapulae**	- **Bewegen und Fixieren des Schulterblattes** - Dorsalflexion des Kopfes und der HWS	Doppelinnervation: - **N. accessorius** - **Rr. anteriores der zervikalen Spinalnerven**	**A. transversa cervicis** (aus dem Truncus thyrocervicalis)

Tabelle 3: M. trapezius

- Der M. trapezius gehört zur **sekundären Rückenmuskulatur** (wie auch die Mm. serrati posteriores, die Mm. rhomboidei, der M. levator scapulae und der M. latissimus dorsi). Diese zählen topographisch zur oberflächlichen Rückenmuskulatur, stammen entwicklungsgeschichtlich aber von ventralen Teilen der oberen Extremitätenanlage ab. Sie wandern dann im Laufe der Entwicklung nach dorsal, wirken aber weiterhin überwiegend auf die obere Extremität. Ihrer Herkunft entsprechend wird die sekundäre Rückenmuskulatur von den **Rr. anteriores** der zugehörigen **Spinalnerven** innerviert (der M. trapezius wird zusäzlich noch vom **N. accessorius** versorgt).

1.3.6 Übersicht zur Schultermuskulatur

Schultermuskulatur	dorsale	ventrale
	M. supraspinatus M. infraspinatus M. teres minor M. teres major M. subscapularis M. deltoideus M. latissimus dorsi	M. pectoralis minor M. pectoralis major

1.3.7 M. latissimus dorsi

- Wandert sekundär auf die dorsale Rumpfwand.

Ursprung	Ansatz	Funktion	Nerv	Gefäße
- **Processus spinosi** T7 - L5 - Facies dorsalis des **Os sacrum** - Labium externum der **Crista iliaca** - **Rippen** 9 – 12 - **Angulus inferior scapulae** - Urspungsaponeurose: oberflächliches Blatt der **Fascia thoracolumbalis**	**Crista tuberculi minoris**	- **Zieht elevierten Arm hinab** - Innenrotation - Adduktion - Retroversion - Atemhilfsmuskel	**N. thoraco-dorsalis** (aus dem Plexus brachialis)	**A. thoraco-dorsalis**

Tabelle 4: M. latissimus dorsi

- Ggf. ziehen Muskelfasern des M. latissimus dorsi durch die Achselhöhle zur Sehne des M. pectoralis major. Eine derartige muskulöse Verbindung wird als **Langer-Achselbogen** bezeichnet.
- Er ist ein Atemhilfsmuskel und hypertrophiert bei chronischer Bronchitis. Deswegen wird er auch als „**Hustenmuskel**" bezeichnet.
- Definition: Atemhilfsmuskel
  Als Atemhilfsmuskeln werden Muskeln bezeichnet, die beim Lungengesunden nicht am normalen Atmen beteiligt sind. Bei erschwerter Atmung oder Atemnot (= Dyspnoe) werden sie jedoch willkürlich als zusätzliche Atemmuskulatur eingesetzt. Zum Teil wirken sie erst im Sinne einer Atembewegung, wenn sich der Patient mit dem Armen aufstützt (dadurch werden dann quasi Ursprung und Ansatz vertauscht, ein Muskel der normalerweise den Arm bewegt, wirkt nun – bei fixiertem Arm – auf den Brustkorb). Atemhilfsmuskeln sind auch die Mm. scaleni, die Mm. pectorales oder die äußeren Bauchmuskeln.

1.4 Regio glutaea

1.4.1 Übersicht zur Hüftmuskulatur

Hüftmuskulatur

äußere	innere
M. glutaeus maximus M. glutaeus medius M. glutaeus minimus M. tensor fasciae latae M. gemellus superior M. gemellus inferior M. quadratus femoris M. obturator externus	M. psoas major M. psoas minor M. iliacus M. piriformis M. obturator internus

1.4.2 M. glutaeus maximus

- Er bestimmt die **Kontur des Gesäßes**.
- Im Stehen läuft der untere Muskelrand schräg nach lateral und bedeckt das **Tuber ischiadicum**. Im Sitzen rutscht der Rand nach kranial und das Tuber ischiadicum wird nur noch von subkutanem Fettgewebe gepolstert.
- Bindegewebssepten aus der Muskelfaszie strahlen in den Muskel ein und grenzen Muskelbündel voneinander ab.
- Er ist der wichtigste **Strecker im Hüftgelenk**. Seine größte Kraftentfaltung entwickelt er beim Aufstehen, also bei gebeugtem Hüftgelenk.
- Zwischen seiner Ansatzsehne und dem Trochanter major liegt die Bursa trochanterica m. glutaei maximi. Zwischen der Sehne und der darüberliegenden Haut liegt die Bursa subcutanea trochanterica.

1.4.3 Glutaealmuskeln

Sie gehören zu den äußeren Hüftmuskeln.

	Ursprung	Ansatz	Funktion	Nerv	Gefäße
M. glutaeus maximus	- Dorsale Fläche des **Os sacrum** - **Darmbein** dorsal der Linea glutealis posterior - **Fascia thoraco-lumbalis** - **Lig. sacro-tuberale**	- **Tuberositas glutealis** - Fascia lata - Septum inter-musculare femoris laterale - Tractus iliotibialis	- **Streckung** - **Außenrotation** - Abduktion (oberer Teil) - Adduktion (unterer Teil) - Verhindert das Vornüber-kippen des Beckens im Stehen	**N. glutaeus inferior**	- **A. glutealis inferior** (Ast der A. iliaca interna) - A. glutealis superior
M. glutaeus medius	Dreieck zwischen: - **Labium externum der Crista iliaca** - **Linea glutealis anterior** - **Linea glutealis posterior**	- Lateraler Umfang des **Trochanter major**	- Abduktion - Innenrotation - Außenrotation - Beugung und Streckung - **Verhindern das Kippen des Beckens zur Spielbeinseite beim Gehen**	**N. glutaeus superior**	- **A. glutealis superior** (Ast der A. iliaca interna)
M. glutaeus minimus	- Zwischen den **Lineae gluteales anterior et inferior**	- Innen an der Spitze des **Trochanter major**			

Tabelle 5: Mm. glutaei maximus et medius et minimus

- Bei Lähmung der Mm. glutaei medius et minimus sinkt das Becken auf der gesunden Seite ab. Klinisch wird dies **Trendelenburg-Zeichen** genannt. Durch den Beckentiefstand auf der gesunden Seite kommt es auf dieser Seite zu einer Beugung in Knie und Hüfte, um die veränderte Beinlänge auszugleichen. Der Körperschwerpunkt verschiebt sich auf die erkrankte Seite.
- Der Gang des Patienten erinnert an einem „Watschelgang“. Dieser wird auch **Duchenne-Hinken** genannt.

1.4.4 Sitzhalfter

- **Zirkuläre Verstärkungszüge** in der Fascia glutaea im Übergangsgebiet zur Regio femoris posterior. Sie raffen den Unterrand des M. glutaeus maximus nach kranial.

1.5 Regio femoris posterior

1.5.1 Fascia lata

- Die Fascia lata bildet eine **derbe Hülle** im Bereich der Oberschenkelmuskulatur.
- Sie ist ventral am Leistenband und am Labium externum der Crista iliaca befestigt. Unten ist sie am Condylus lateralis femoris, an der Patella und am Caput fibulae befestigt.
- Nach distal geht sie in die **Fascia cruris** über, nach proximal in die **allgemeine Körperfaszie**.
- Von ihr ausgehend ziehen das Septum intermusculare femoris laterale, mediale und posterius in die Tiefe und teilen die Muskellogen ab.

1.5.2 Tractus iliotibialis

- Der Tractus iliotibialis ist ein aponeurotischer Sehnenstreifen aus längsverlaufenden Fasern als seitliche **Verstärkung der Fascia lata**.
- Oben strahlen in ihn Muskelfasern des M. glutaeus maximus und des M. tensor fasciae latae ein.
- Er sichert das Kniegelenk und erhöht die Belastbarkeit des Femur durch Zuggurtung auf der Seite des Standbeins.

1.5.3 N. cutaneus femoris posterior

- Er entspringt dem **Plexus sacralis** und versorgt sensibel die Haut auf der Rückseite des Oberschenkels und in der Kniekehle.
- Er tritt mit dem N. ischiadicus durch das **Foramen infrapiriforme** und verläuft ab dem Unterrand des M. glutaeus maximus unter der **Fascia lata** (ist deswegen im Präparat erst nach Durchtrennung der Fascia lata sichtbar).
- In seinem Verlauf verzweigt er sich in die **Nn. clunium inferiores**, die um den kaudalen Rand des M. glutaeus maximus zur Gesäßhaut ziehen.

1.5.4 V. femoropoplitea

- Die V. femoropoplitea zählt zu den **oberflächlichen Venen** des Beines und zieht von der **V. saphena parva** nach kranial über die Kniekehle und mündet von dorsal-lateral her in die **V. saphena magna**. So entsteht zwischen beiden Vv. saphenae eine Anastomose.

- Bei Insuffizienz der V. femoropoplitea entstehen Krampfadern (genauer: eine inkomplette Stammvarikose der V. saphena magna).
  Krampfadern werden klinisch als Varizen bezeichnet. Sie sind durch zerstörte Venenklappen und einen gestörten Rücktransport des Blutes gekennzeichnet, was langfristig durch die Stauung zur irreversiblen Erweiterung der Venen führt.

- Allgemein: Venen am Bein
  Die **oberflächlichen Hautvenen** verlaufen unabhängig von den Arterien in der Subkutis. Sie stehen über **Vv. perforantes** mit den **tiefen Beinvenen** in Verbindung (die im Gegensatz zu den oberflächlichen mit den entsprechenden Arterien verlaufen). Über die tiefen Beinvenen werden 90% des Blutvolumen zurücktransportiert, im oberflächlichen Venensystem nur 10%.

1.6 Regio cruris posterior

1.6.1 V. saphena parva

- Die V. saphena parva ist eine **oberflächliche Hautvene**.
- Sie entsteht am seitlichen Fußrand und verläuft an der Rückseite des Unterschenkels.
- Sie durchbricht zwischen den beiden Köpfen des M. gastrocnemius die Fascia cruris und mündet in die **V. poplitea**.
- Sie bildet Anastomosen mit der V. saphena magna.

1.6.2 N. suralis

- Der N. suralis ist ein Ast des N. tibialis. Er verläuft gemeinsam mit der **V. saphena parva**.
- Er vereinigt sich mit dem **N. cutaneus surae lateralis** (einem Ast des N. fibularis communis). Vor der Vereinigung wird der vom N. tibialis stammende Abschnitt des N. suralis auch als **N. cutaneus surae medialis** bezeichnet.
- Er setzt sich als **N. cutaneus dorsalis lateralis** auf die seitliche Gegend des Fußrückens und auf die Außenkante des Fußes fort.
- Er versorgt **sensibel** die Haut des lateralen Knöchels, der Ferse, des lateralen Fußrandes und die Sprunggelenke.

- Insgesamt gesehen ist der N. suralis ein Nerv, der chirurgisch leicht auffindbar und nicht besonders wichtig ist. Diese beiden Gründe machen ihn zu einem beliebten **autologen Transplantat** zur Rekonstruktion durchtrennter Nerven. Dabei dient der transplantierte N. suralis dann aber nur als Leitschiene, die den durchtrennten Axonen bei der richtigen Wegfindung zu ihrem Erfolgsorgan hilft. D.h. durch die Verpflanzung des N. suralis wird in erster Line die Kontinuität des Hüllgewebes des verletzten Nerven wiederhergestellt.

1.7 Planta pedis

1.7.1 Plantaraponeurose

- Die Plantaraponeurose ist eine derbe **Bindegewebsplatte** die der Verstärkung der Fascia pedis plantaris dient.
- Sie beginnt am Tuber calcanei mit einem stärkeren Mittelstreifen. Dieser spaltet sich in 5 Stränge auf, die zu den Zehengrundgelenken ziehen.
- So ist sie an der Sicherung des **Fußlängsgewölbes** beteiligt.

2 2. Tag

2.1 Nacken und Rücken

2.1.1 M. deltoideus

Der M. deltoideus gehört zur Muskulatur der Schulter und besteht aus drei Anteilen.

Ursprung	Ansatz	Funktion	Nerv	Gefäße
- **Pars clavicularis:** Lateraler Teil der Klavikula	**Tuberositas deltoidea**	- Innenrotation, Adduktion, Anteversion	**N. axillaris**	**A. thoraco-acromialis**
- **Pars acromialis:** Akromion		- Abduktion bis zur Horizontalen, Anteversion		
- **Pars spinalis:** Spina scapulae		- Außenrotation, Adduktion, Retroversion		

Tabelle 6: M. deltoideus

2.1.2 Fascia infraspinata

- Die Fascia infraspinata ist zum Teil das Ursprungsfeld des M. infraspinatus, dem wichtigsten Außenrotator des Armes, und schließt zusammen mit der Fossa infraspinata der Skapula dessen Muskelloge ein.

2.1.3 Übersicht zur Bauchmuskulatur

Bauchmuskulatur	vordere und seitliche	hintere
	M. rectus abdominis *M. pyramidalis (inkonstant)* M. obliquus externus abdominis M. obliquus internus abdominis M. transversus abdominis M. cremaster	M. quadratus lumborum

2.1.4 M. obliquus externus abdominis

- Der M. obliquus externus abdominis ist ein **äußerer schräger Bauchmuskel**.
- Er zieht von lateral oben nach medial unten. Seine Verlaufsrichtung entspricht derjenigen der Mm. intercostales externi (d.h. der Richtung, in der man die Hände in die Hosentasche steckt...).
- Die Ursprungszacken an den Rippen alternieren mit den Ursprüngen des M. serratus anterior und M. latissimus dorsi und bilden so die **Linea serrata**.

Ursprung	Ansatz	Funktion	Nerv	Gefäße
Außenfläche der 5. / 6. bis 12. **Rippe**	- **Rektusscheide** (vorderes Blatt) und Linea alba - **Labium externum cristae iliacae** - **Lig. inguinale**	- <u>Einseitig</u>: **Drehung** des Rumpfes zur Gegenseite, Annähern von Becken und Thorax auf derselben Seite - <u>Beidseitig</u>: **Beugung** in der BWS / LWS, Exspiration, Bauchpresse	- **Nn. spinales** T5 - T12	- **A. musculo-phrenica** - **A. epigastrica superior**

Tabelle 7: M. obliquus externus abdominis

2.1.5 N. accessorius

- Der **XI. Hirnnerv** ist rein motorisch und versorgt den **M. trapezius** und den **M. sternocleidomastoideus**.
- Er zieht über dem M. levator scapulae durch das seitliche Halsdreieck zur Unterseite des M. trapezius.
    - Bei einer Accessoriuslähmung ist die Elevation des Armes (= Heben über die Horizontale) erschwert. Eine Accessoriusverletzung kann vor allem nach Eingriffen, z.B. Lymphknotenentfernung, im seitlichen Halsdreieck auftreten.

2.2 Regio glutaea und Regio femoris posterior

2.2.1 Bursa trochanterica

- Die Bursa trochanterica liegt zwischen der Sehne des M. glutaeus maximus und dem Trochanter major.
- Definition: Bursa synovialis
  Eine **Bursa synovialis** (= **Schleimbeutel**) ist ein mit Gelenkschmiere ausgefüllter Hohlraum an besonders druckbelasteten Stellen, der den Druck gleichmäßig verteilt und das Aufeinandergleiten der Schichten erleichtert.

2.2.2 Lig. sacrotuberale

- Es spannt sich zwischen Os sacrum und Tuber ischiadicum aus.
- Teilweise ist es mit dem Lig. sacrospinale verwoben und grenzt mit diesem und den Incisura ischiadica major bzw. *minor* das entsprechende **Foramen ischiadicum majus** bzw. ***minus*** ab.

2.2.3 Spatium subglutaeum

- Das Spatium subglutaeum ist ein ausgedehnter **Fett-** und **Bindegewebsraum** unter dem M. glutaeus maximus (bis zu 2 cm dick) mit wichtigen Gefäßen und Nerven.
- Es steht mit dem Bindegewebe des Beckenraums über die Foramina ischiadica major et minor in Verbindung und kommuniziert mit den Bindegewebsräumen des Oberschenkels.
    - Eiterungen und Abszesse können sich über das Spatium subglutaeum von der Gesäßregion bis in den Kniebereich hin ausdehnen.

2.2.4 Übersicht zur Oberschenkelmuskulatur

Oberschenkelmuskulatur	**vordere**	**mediale**	**hintere**
	Extensoren	Adduktoren	Flexoren
	M. sartorius M. rectus femoris M. vastus lateralis M. vastus intermedius M. vastus medialis M. articularis genus	M. pectineus M. adductor langus M. gracilis M. adductor brevis M. adductor magnus	M. biceps femoris M. semitendinosus M. semimembranosus

2.2.5 M. adductor magnus

Er gehört zur **Adduktorengruppe** (= mediale Oberschenkelmuskulatur).

Ursprung	Ansatz	Funktion	Nerv	Gefäße
- **Ramus ossis ischii** - **Ramus inferior ossis pubis** - Tuber ischiadicum	- Labium mediale der **Linea aspera** des mittleren und unteren Femurdrittels - Epicondylus medialis des Femurs - Membrana vastoadductoria	- **Adduktion** - Außenrotation - Innenrotation des nach außen rotierten Beines - Streckung	Doppelinnervation: - **N. obturatorius** - **N. tibialis**	**A. circumflexa femoris medialis**

Tabelle 8: M. adductor magnus

2.2.6 Ischiokrurale Muskelgruppe

- Als ischiokrurale Muskeln bezeichnet man die dorsal gelegenen **Flexoren des Oberschenkels.**
- Sie entspringen größtenteils am Tuber ischiadicum und setzen an den Ossa cruris an.

	Ursprung	Ansatz	Funktion	Nerv	Gefäße
Caput breve m. bicipitis femoris	**Labium laterale lineae asperae**	**Caput fibulae**	- Kniegelenk: **Beugung**, Außenrotation	**N. fibularis communis**	R. profundus und R. transversus der **A. circumflexa femoris medialis**
Caput longum m. bicipitis femoris	**Tuber ischiadicum**		- Hüftgelenk: Streckung, Außenrotation, Adduktion - Kniegelenk: **Beugung**, Außenrotation	**N. tibialis**	
M. semitendinosus		**Condylus medialis tibiae**	- Hüftgelenk: Streckung, Adduktion - Kniegelenk: **Beugung**, Innenrotation		
M. semimembranosus					

Tabelle 9: Hintere Oberschenkelmuskeln (Flexoren) = Ischiokrurale Muskulatur

2.2.7 N. fibularis communis

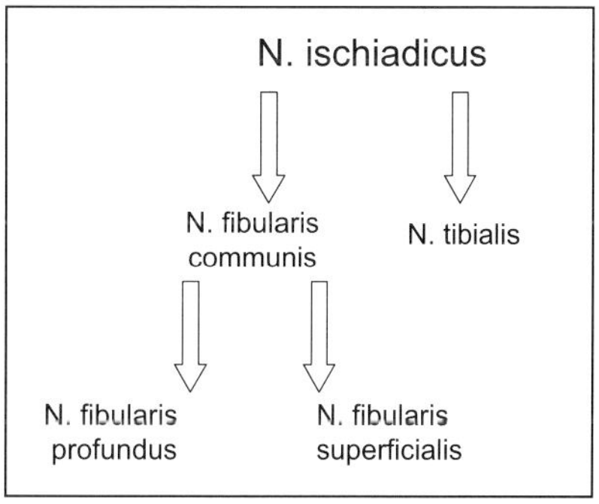

- Der N. fibularis communis wird auch als **N. peronaeus communis** bezeichnet.
- Er entstammt dem **N. ischiadicus.**
- Am Oberschenkel verläuft er lateral vom N. tibialis unter dem M. biceps femoris. In der Kniekehle liegt er an der medialen Seite der Bizepssehne. In der **Fibularisloge** (= Peronaeusloge) teilt er sich in zwei Äste:
  - **N. fibularis profundus**: Er versorgt die Extensoren des Unterschenkels.
  - **N. fibularis superficialis**: Er versorgt die laterale Gruppe (= Peronaeusgruppe) der Unterschenkelmuskulatur.
- Eine Schädigung des N. fibularis communis ist besonders im Bereich des Caput und Collum fibulae möglich, z.B. durch Frakturen. Lähmungserscheinungen sind dann:

  - Strecken der Zehen ist unmöglich.
  - Es kommt zum **Spitzfuß** in **Plantarflexions- und Supinationsstellung**.
  - Da beim Gehen der Fuß am Boden schleift, wird dies durch übermäßiges Anheben des Fußes kompensiert.

2.3 *Regio cruris posterior*

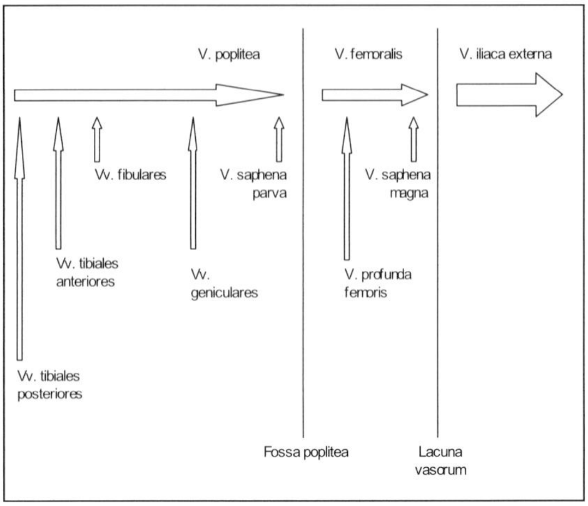

2.3.1 V. poplitea

- Unterhalb des Hiatus tendineus des Adduktorenkanals wird die V. femoralis als **V. poplitea** bezeichnet.
- In die V. poplitea münden:
  - **V. saphena parva**
  - **Vv. geniculares** (aus dem Bereich des Kniegelenks)
  - **Vv. fibulares**
  - **Vv. tibiales anteriores**
  - **Vv. tibiales posteriores**

2.3.2 Übersicht zur Unterschenkelmuskulatur

Unterschenkelmuskulatur

vordere/ Extensoren
M. tibialis anterior M. extensor hallucis longus M. extensor digitorum longus M. peronaeus tertius

seitliche/ Peronaeusgruppe*
M. peronaeus longus M. peronaeus brevis

hintere/ Flexoren	
oberflächliche	**tiefe**
M. gastrocnemius M. soleus M. plantaris	M. flexor digitorum longus M. tibialis posterior M. flexor hallucis longus M. popliteus

* Die Peronaeusgruppe wird heute offiziell als Fibularisgruppe bezeichnet, in der Klinik spricht man jedoch noch immer von den Peronaeusmuskeln.

2.3.3 M. gastrocnemius

- Als äußerer Wadenmuskel gehört er zur **oberflächlichen Flexorengruppe** am Unterschenkel.
- Zusammen mit dem M. soleus bildet der M. gastrocnemius den **M. triceps surae**.
- Das kleinere **Caput laterale** enthält in einem Drittel der Fälle ein Sesambein (hier auch **Fabella** genannt).

Ursprung	Ansatz	Funktion	Nerv	Gefäße
- **Caput mediale:** Condylus medialis femoris - **Caput laterale:** Condylus lateralis femoris	Mit der **Achillessehne** am Tuber calcanei	- **Beugung** im Kniegelenk - **Plantarflexion** im oberen Sprunggelenk - **Supination** im unteren Sprunggelenk	**N. tibialis**	**Aa. surales**

Tabelle 10: M. gastrocnemius

- Definition: Sesambein
  Sesambeine sind Schaltknochen, die in Sehnen, Bänder oder Gelenkkapseln eingefügt sind. Auch die Kniescheibe ist ein Sesambein. Sie dienen i.d.R. der Verbesserung der Mechanik eines Gelenks, z.B. durch Steigerung des Drehmoments.

2.3.4 N. tibialis

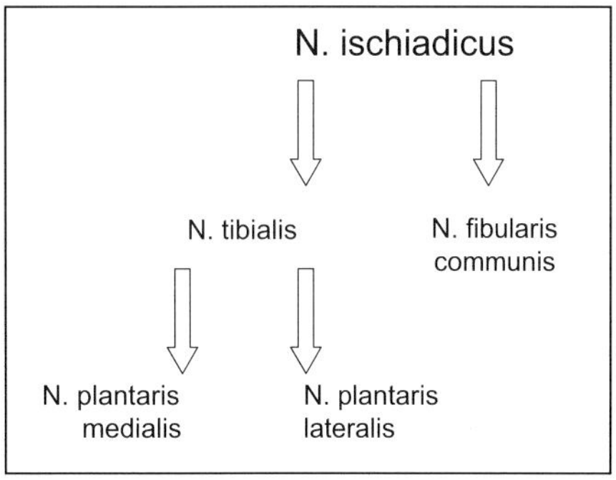

- Er bildet die **Fortsetzung des N. ischiadicus**.
- Er gelangt von der Kniekehle unter dem **Arcus tendinis m. solei** zwischen die tiefe und oberflächliche Flexorengruppe. Von dort zieht er hinter dem Malleolus medialis und unter dem Retinaculum mm. flexorum im **Malleolarkanal** auf die Fußsohle.
- Dort teilt er sich in die **Nn. plantares medialis et lateralis**.
- Er versorgt **motorisch** die Flexoren des Oberschenkels (Ausnahme: Caput breve des M. biceps femoris) sowie die Flexoren des Unterschenkels und die Muskeln der Fußsohle.
- Er versorgt **sensibel** die Haut der Wade, der Ferse, der Fußsohle, der Zehen sowie das Kniegelenk, die Sprunggelenke, die Metatarsal- und Interphalangealgelenke.
  - Bei seiner Schädigung fallen die Wadenmuskulatur und die Zehenbeuger aus. Es kommt zum **Krallen-** und **Hackenfuß**, also zu einer Dorsalextension. Sensibel fallen die Innenseite des Unterschenkels und die Fußsohle aus.

2.3.5 Aa. surales

- Die Wadenarterien (*lat.*: sura = Wade) sind Äste der A. poplitea.
- Bei ihnen handelt es sich um - meist 2 - größere dorsale Gefäße (Aa. surales medialis et lateralis). Sie geben tiefe Äste zur Wadenmuskulatur und oberflächliche zur Haut ab.

2.4 Planta pedis

2.4.1 Übersicht zur Fußmuskulatur

Fußmuskulatur

Fußrücken/ Extensoren
M. extensor hallucis brevis M. extensor digitorum brevis

Fußsohle/ mediale Gruppe
M. abductor hallucis M. flexor hallucis brevis M. adductor hallucis

Fußsohle/ mittlere Gruppe
M. flexor digitorum brevis M. quadratus plantae Mm. lumbricales Mm. interossei plantares Mm. interossei dorsales

Fußsohle/ laterale Gruppe
M. abductor digiti minimi M. flexor digiti minimi brevis M. opponens digiti minimi

2.4.2 M. flexor digitorum brevis

Gehört zur mittleren Gruppe der kurzen Muskeln der Fußsohle.

Ursprung	Ansatz	Funktion	Nerv	Gefäße
- **Tuber calcanei** - **Aponeurosis plantaris**	Basis der **Mittelphalanx** der 2.-5. Zehe	- **Plantarflexion** in den Grund- und Mittelgelenken der 2.-5. Zehe - Verspannung des Fußlängsbogens	**N. plantaris medialis**	**A. plantaris medialis**

Tabelle 11: M. flexor digitorum brevis

2.4.3 M. quadratus plantae

Gehört zur mittleren Gruppe der kurzen Muskeln der Fußsohle.

Ursprung	Ansatz	Funktion	Nerv	Gefäße
- **Calcaneus** - **Lig. plantare longum**	Lateral an der **Sehne des M. flexor digitorum longus**	Zieht die Sehne des M. flexor digitorum longus nach lateral	**N. plantaris lateralis**	**A. plantaris lateralis**

Tabelle 12: M. quadratus plantae

2.4.4 Kleinzehenballenmuskulatur

<table>
<tr><th></th><th>Ursprung</th><th>Ansatz</th><th>Funktion</th><th>Nerv</th><th>Gefäße</th></tr>
<tr><td>M. abductor digiti minimi</td><td>- lateral am Tuber calcanei
- Aponeurosis plantaris</td><td>- Tuberositas ossis metatarsalis V
- Grundphalanx der Kleinzehe</td><td>- Plantarflexion
- Beugung und Abduktion im Kleinzehen-grundgelenk
- Verspannung des Fußlängsbogens</td><td rowspan="3">N. plantaris lateralis</td><td rowspan="3">A. plantaris lateralis</td></tr>
<tr><td>M. flexor digiti minimi brevis</td><td>- Basis des Os metatarsale V
- Lig. plantare longum</td><td>- Plantare Basis der Grundphalanx der Kleinzehe</td><td>- Beugung im Grundgelenk der Kleinzehe
- Verspannung des Fußlängsbogens</td></tr>
<tr><td>M. opponens digiti minimi (inkonstant)</td><td>- Mit dem Lig. plantare longum verwachsen</td><td>- Plantar und lateral am Os metatarsale V</td><td>- Verspannung des Fußlängsbogens</td></tr>
</table>

Tabelle 13: Muskeln der Fußsohle (laterale Gruppe)

2.4.5 Großzehenballenmuskulatur

<table>
<tr><th colspan="2"></th><th>Ursprung</th><th>Ansatz</th><th>Funktion</th><th>Nerv</th><th>Gefäße</th></tr>
<tr><td colspan="2">M. abductor hallucis</td><td>- Processus medialis tuberis calcanei
- Aponeurosis plantaris</td><td>- Großzehen-grund-gelenk
- Grund-phalanx 1</td><td>- Plantarflexion und Abduktion im Großzehen-grundgelenk
- Verspannen des Fußlängsbogens</td><td rowspan="2">N. plantaris medialis</td><td>A. plantaris medialis</td></tr>
<tr><td rowspan="2">M. flexor hallucis brevis</td><td>Caput mediale</td><td rowspan="2">- Ossa cuneiformia
- Ligg. calcaneo-cuboideum plantare</td><td>- Grund-phalanx 1 (mediales Sesambein)</td><td rowspan="2">- Beugung im Großzehen-grundgelenk</td><td rowspan="2">A. plantaris medialis und A. plantaris lateralis</td></tr>
<tr><td>Caput laterale</td><td rowspan="3">- Grund-phalanx 1 (laterales Sesambein)</td><td rowspan="3">N. plantaris lateralis</td></tr>
<tr><td rowspan="2">M. adductor hallucis</td><td>Caput ob-liquum</td><td>- Os cuneiforme laterale
- Os cuboideum</td><td>- Beugung und Adduktion der Großzehe
- Verspannen des Fußlängsbogens</td><td>A. plantaris lateralis</td></tr>
<tr><td>Caput trans-versum</td><td>- 2.-5. Zehen-grundgelenk
- Lig. meta-tarsale trans-versum prof.</td><td>- Adduktion im Großzehen-grundgelenk
- Verspannen des Fußquerbogens</td><td>A. plantaris medialis</td></tr>
</table>

Tabelle 14: Muskeln der Fußsohle (mediale Gruppe)

3 3. Tag

3.1 Nacken und Rücken

3.1.1 Mm. rhomboidei

Sie gehören zur Schultergürtelmuskulatur.

	Ursprung	Ansatz	Funktion	Nerv	Gefäße
M. rhomboideus minor	**Proc. spinosi** C6 - C7	**Margo medialis** oberhalb der Spina scapulae	Ziehen die Skapula nach medial-kranial und fixiert sie am Rumpf	**N. dorsalis scapulae** (aus dem Plexus brachialis)	**A. transversa cervicis** (aus dem Truncus thyrocervicalis)
M. rhomboideus major	**Proc. spinosi** T1 - T4	**Margo medialis** unterhalb der Spina scapulae			

Tabelle 15: Mm. rhomboidei

3.1.2 M. levator scapulae

Er gehört zur Schultergürtelmuskulatur.

Ursprung	Ansatz	Funktion	Nerv	Gefäße
Tubercula posteriora C1 - C4	- **Angulus superior** - **Margo medialis**	Ziehen der Skapula nach medial-oben	- **N. dorsalis scapulae** (Plexus brachialis) - **Plexus cervicalis**	**A. transversa cervicis** (aus dem Truncus thyrocervicalis)

Tabelle 16: M. levator scapulae

3.1.3 N. dorsalis scapulae

- Der N. dorsalis scapulae entstammt der **Pars suprascapularis** des **Plexus brachialis** (dieser wird gebildet von den Rr. anteriores der Segmente C5 - T1, wobei auch kleinere Teile von C4 und T2 beteiligt sind).
- Er durchbohrt den **M. scalenus medius** und verläuft dann auf der Vorderseite des **M. levator scapulae** in dessen Faszie.
- Er versorgt motorisch:
    - **M. levator scapulae**
    - **Mm. rhomboidei major et minor**

3.1.4 Übersicht zur Rückenmuskulatur

Rücken-muskulatur

primäre = autochthone (M. errector spinae)	
medialer Trakt	lateraler Trakt
transversospinales System interspinales und spinales System	intertransversales System spinotransversales System sakrospinales System

sekundäre = eingewanderte
M. serratus posterior superior M. serratus posterior inferior Mm. intertransversarii lat. lumborum M. transversus nuchae

kurze Nackenmuskeln *
M. rectus capitis posterior minor M. rectus capitis posterior M. obliquus capitis superior M. obliquus capitis inferior

* Funktionell gehören zu dieser Gruppe auch die autochthonen Mm. recti capitis lateralis et anterior.

3.1.5 Spinokostale Gruppe der sekundären Rückenmuskulatur

Diese Muskeln wirken bei der Inspiration mit.

	Ursprung	Ansatz	Funktion	Nerv	Gefäße
M. serratus posterior superior	- **Proc. spinosi** der Wirbel C6-T2	Mit 3-4 **absteigend** verlaufenden Muskelzacken an den Rippen lateral des Angulus costae der 2.-5. Rippe	**Inspiration**	**Rr. anteriores der Spinalnerven**	**Aa. intercostales**
M. serratus posterior inferior	- Verwachsen mit der Fascia thoracolumbalis - **Proc. spinosi** der unteren Brust- und der oberen Lendenwirbel	Mit **aufwärts** verlaufenden Zacken an den unteren Rändern der 9.-12. Rippe	**Inspiration** (indirekt: Durch Halten und Nach-außen-ziehen der Rippen während der Inspiration wirkt er einer Verengung der unteren Thoraxapertur entgegen.)		

Tabelle 17: Muskeln der spinokostalen Gruppe

3.1.6 Spinotransversales System der autochthonen Rückenmuskulatur

Diese Muskeln entspringen an den Processus spinosi und inserieren lateral oben an den Processus transversi bzw. am Hinterhaupt.

	Ursprung	Ansatz	Funktion	Nerv	Gefäße
M. splenius cervicis	- **Processus spinosus** T3-T6 - Ligamentum supraspinale	**Tubercula posteriora** C1-C3	- <u>einseitig</u>: **Drehung** der HWS - <u>beidseitig</u>: **Dorsalflexion** der HWS	**Rr. posteriores der Spinalnerven**	**Aa. intercostales**
M. splenius capitis	- **Processus spinosus** C3-T3	laterale Hälfte der **Linea nuchalis superior** bis zum Proc. mastoideus	- <u>einseitig</u>: **Drehung und Neigung** der HWS zur selben Seite (auch im Atlantookzipitalgelenk) - <u>beidseitig</u>: **Dorsalflexion** der HWS (auch im Atlantookzipitalgelenk)		
M. obliquus capitis inferior	- **Processus spinosus** des **Axis**	**Processus transversus** des **Atlas**	- **Drehung** in der Articulatio atlantoaxialis mediana und in der Articulatio atlantoaxialis mediana lateralis	Äste des **N. suboccipitalis**	

Tabelle 18: Spinotransversales System der autochthonen Rückenmuskulatur

3.1.7 Achsellücken

- Das **Caput longum** des **M. triceps brachii** zieht zwischen **M. teres minor** und **M. teres major** hindurch und begrenzt dadurch:
  - <u>Die (viereckige) **laterale Achsellücke**</u>: Hier verlaufen der **N. axillaris** und die **A.** und **Vv. circumflexae posteriores humeri.**
  - <u>Die (dreieckige) **mediale Achsellücke**</u>: Durchtrittsstelle der **A. circumflexa scapulae.**

3.1.8 M. teres major und M. teres minor

Sie zählen zu den dorsalen Schultermuskeln.

	Ursprung	Ansatz	Funktion	Nerv	Gefäße
M. teres minor	**Margo lateralis scapulae**	**Tuberculum majus** (obere Facette)	- **Außenrotation** - **Adduktion**	**N. axillaris** (aus dem Fasciculus posterior)	**A. thoraco-dorsalis** (aus der A. subscapularis)
M. teres major	**Angulus inferior scapulae**	**Crista tuberculi minoris**	- **Innenrotation** - **Adduktion** - **Retroversion** nach medial	**N. thoraco-dorsalis** (oder ein Ast des N. subscapularis)	

Tabelle 19: Mm. teres major et minor

- Der M. teres minor ist an seinem Ursprung mit dem M. infraspinatus verwachsen.

- Der M. teres major bildet sich entwicklungsgeschichtlich zusammen mit dem M. latissimus dorsi. Daher werden beide Muskeln vom **N. thoracodorsalis** versorgt.

3.1.9 N. axillaris

- Er stammt aus dem Fasciculus posterior des Plexus brachialis.
- Er tritt durch die **laterale Achsellücke**.
- Er zieht unter dem M. deltoideus um das Collum chirurgicum des Oberarms.
- Äste:
  - **Rr. musculares:** versorgen den M. deltoideus und den M. teres minor.
  - **N. cutaneus brachii lateralis superior:** verläuft am hinteren Rand des M. deltoideus und versorgt die oberen lateralen und dorsalen Hautgebiete des Oberarms sensibel.

- Der N. axillaris kann bei Verletzungen des Schultergürtels geschädigt werden (z.B.: Frakturen des Oberarms am Collum chirurgicum; Luxationen im Schultergelenk). Sensible Ausfälle finden sich dann **seitlich über dem M. deltoideus**. Motorisch ist die **Abduktion im Schultergelenk** gestört.

3.1.10 A. circumflexa humeri posterior

- Die A. circumflexa humeri posterior ist ein Ast der **A. axillaris** (die selbst aus der A. subclavia hervorgeht).
- Sie zieht durch die **laterale Achsellücke** zum Collum chirurgicum und verläuft mit begleitenden Venen und dem **N. axillaris**.
- Sie versorgt: M. deltoideus, Caput longum des M. triceps brachii und die Gelenkkapsel des Schultergelenks.

3.1.11 A. circumflexa scapulae

- Die A. circumflexa scapulae ist ein Ast der **A. subscapularis** (diese ist ein Ast der A. axillaris, die ihrerseits aus der A. subclavia hervorgeht).
- Sie tritt durch die **mediale Achsellücke** und zieht zur Fossa infraspinata.
- Sie bildet eine Anastomose mit der A. suprascapularis.
- Sie versorgt: M. subscapularis, Mm. teres minor et major, M. infraspinatus und M. deltoideus.

3.2 Regio glutaea

3.2.1 Foramina supra- et infrapiriforme

- Das **Foramen ischiadicum majus** (begrenzt vom Lig. sacrospinale und Lig. sacrotuberale) wird vom hindurchtretenden **M. piriformis** unterteilt in:
  - **Foramen suprapiriforme**: Hindurch ziehen:
    - **A. und V. glutaealis superior** und der aus dem Becken stammende **N. glutaeus superior** hin zur Glutealmuskulatur.
  - **Foramen infrapiriforme**: Hindurch ziehen:
    - **N. ischiadicus** mit A. comitans n. ischiadici
    - **A.** und **V. glutaealis inferior**
    - **N. glutaeus inferior** (motorisch zum M. glutaeus maximus)
    - **N. cutaneus femoris posterior** (sensibel zur Haut der Rückseite des Oberschenkels und der Kniekehle)
    - **Rr. musculares** aus dem Plexus sacralis
    - **N. pudendus**
    - **A.** und **V. pudenda interna**

3.3 Regio femoris posterior

3.3.1 Hiatus adductorius

- Als Hiatus adductorius oder als **Hiatus tendineus** wird der **Spalt** zwischen den **proximalen Ansatzfasern** (setzen am Labium mediale der Linea aspera an) des **M. adductor magnus** und seinen **distalen Ansatzfasern** (ziehen mit langer Endsehne zum Epicondylus medialis femoris) bezeichnet.
- Er stellt die distale Öffnung des Canalis adductorius dar.

3.4 Regio cruris posterior und Planta pedis

3.4.1 Fossa poplitea

- Sie wird begrenzt:
  - oben medial: vom **M. semimembranosus** und **M. semitendinosus**
  - oben lateral: vom **M. biceps femoris**
  - unten medial: vom **Caput mediale des M. gastrocnemius**
  - unten lateral: vom **Caput laterale des M. gastrocnemius**
- Sie wird von der **Fascia poplitea** bedeckt, die in die Fascia lata bzw. die Fascia cruris übergeht.
- Mit dem Caput longum m. bicipits femoris erreicht der **N. tibialis** die Kniekehle. Er verläßt sie gemeinsam mit der A. und V. poplitea durch den Arcus tendineus m. solei und tritt dort in die Flexorenloge ein.
- Am medialen Rand des Caput longum m. bicipits femoris erreicht der **N. fibularis** die Kniekehle und verläßt sie am Caput fibulae in Richtung Peronaeusloge.
- Aus dem Adduktorenkanal erreichen die **A.** und **V. femoralis** die Fossa poplitea und werden hier als **A.** und **V. poplitea** bezeichnet.

  - Der Puls der A. poplitea kann medial in der Tiefe der Kniekehle als „Kniekehlenpuls“ getastet werden.

3.4.2 M. soleus

Er bildet mit dem M. gastrocnemius zusammen den **M. triceps surae** und zählt zur oberflächlichen Flexorengruppe des Unterschenkels.

Ursprung	Ansatz	Funktion	Nerv	Gefäße
- **Caput et Collum fibulae** - **Linea m. solei tibiae**	Mit der **Achillessehne** am Tuber calcanei	- oberes Sprunggelenk: **Plantarflexion** - unteres Sprunggelenk: **Supination**	**N. tibialis**	- **Aa. surales** - Rr. musculares der **A. tibialis posterior**

Tabelle 20: M. soleus

3.4.3 Arcus tendineus

- Die Arcus tendineus m. solei (= **Soleusarkade**) ist ein **bogenförmiger Sehnenstreifen des M. soleus** zwischen seinen beiden Ursprüngen an Tibia und Fibula.
- Er begrenzt die Durchtrittsstellen für den **N. tibialis** und die **A.** und **V. poplitea**.

3.4.4 M. plantaris

Er gehört zur oberflächlichen Flexorengruppe des Unterschenkels.

Ursprung	Ansatz	Funktion	Nerv	Gefäße
Condylus lateralis femoris	Mit der **Achillessehne** am Tuber calcanei	- Kniegelenk: **Innenrotation, Beugung** - oberes Sprunggelenk: **Plantarflexion** - unteres Sprunggelenk: **Supination**	**N. tibialis**	- **Aa. surales** - Rr. musculares der **A. tibialis posterior**

Tabelle 21: M. plantaris

3.4.5 A. tibialis posterior

- Die A. tibialis posterior ist die direkte Fortsetzung der **A. poplitea**.
- Sie läuft durch den **Arcus tendinis m. solei**, begleitet von zwei Begleitvenen und dem **N. tibialis**, in die **tiefe Flexorenloge**.

- Am medialen Knöchel kann ihr Puls getastet werden. Ein Fehlen der Fußpulse ist z.B. bei der peripheren arteriellen Verschlußkrankheit (klinisch als pAVK abgekürzt) zu erwarten, aber erst ab einer Lumeneinengung > 90%.
- Auf der Fußsohle teilt sich die A. tibialis posterior in:
  - **A. plantaris medialis**: Sie teilt sich erneut in einen R. profundus und R. superficialis.
  - **A. plantaris lateralis**: Sie bildet in der Tiefe der seitlichen Fußregion den Arcus plantaris profundus.

4 4. Tag

4.1 Nacken und Rücken

4.1.1 Transversospinales System der autochthonen Rückenmuskulatur

- Diese Muskeln ziehen von den **Querfortsätzen** schräg nach medial-oben zu den **Dornfortsätzen** bzw. zum Hinterhaupt. Sie bewirken bei beidseitiger Kontraktion eine **Dorsalflexion**, bei einseitiger Kontraktion eine **Rotation**.
- Nach der Lage unterscheidet man 3 Untergruppen:
  - Die oberste Schicht dieses Systems bilden die **Mm. semispinales**. Zwischen ihrem Ursprung und Ansatz liegen jeweils 4-7 Segmente, die sozusagen überspringen werden.
  - Darunter liegen die **Mm. multifidi**, die 2-3 Segmente überspringen.
  - Die tiefste Schicht bilden die **Mm. rotatores**, die Haltefunktion besitzen. Man trennt:
    - **Mm. rotatores breves**, die zum Dornfortsatz des nächsthöheren Wirbel ziehen.
    - **Mm. rotatores longi**, die ein Segment überspringen.

	Ursprung	**Ansatz**	**Funktion**	**Nerv**	**Gefäße**
M. semispinalis capitis (besitzt eine Intersectio tendinea)	**Querfortsätze** C3 – T6	Zwischen Linea nuchalis superior und inferior am **Os occipitale**	- Einseitig: **Kopfdrehung** zur Gegenseite, **Kopfneigung** zur gleichen Seite - Beidseitig: **Streckung** im Atlantookzipitalgelenk	**Rr. posteriores der Spinalnerven**	**Aa. intercostales**
M. semispinalis cervicis	**Querfortsätze** T1 – T6	**Dornfortsätze** C2 - C7	- Einseitig: **Drehung** der Wirbelsäule zur Gegenseite - Beidseitig: **Streckung**		
M. semispinalis thoracis (oft sind beide miteinander verwachsen)	**Querfortsätze** T6 – T12	**Dornfortsätze** C6 - T3			
Mm. multifidi	- **Os sacrum** - **Processus mamillaris** L1 - L5 - **Querfortsätze** T1 – T12 - **Procc. articulares** C4 - C7	**Dornfortsätze** C2 - L5	- Einseitig: **Drehung** der Wirbelsäule zur Gegenseite - Beidseitig: **Streckung**		
Mm. rotatores cervicis	**Gelenk- und Querfortsätze** (HWS)	- **Basis der Procc. spinosi** - **Wirbelbögen**	Streckung und Rotation in der HWS (gering)		
Mm. rotatores thoracis	**Querfortsätze** (BWS)		Streckung und Rotation in der BWS (gering)		
Mm. rotatores lumborum	**Proc. mamillaris** (LWS)		Streckung und Rotation in der LWS (gering)		

Tabelle 22: Transversospinales System der autochthonen Rückenmuskulatur

4.1.2 Lig. nuchae

- Im Halsbereich geht das Lig. nuchae aus den **Ligamenta interspinalia** hervor und spannt sich zwischen Vertebra prominens (= Processus spinosus von C7) und der Protuberantia occipitalis externa **über den Processus spinosi** aus. Es verbindet das Hinterhaupt mit dem Lig. supraspinale.
- Es trennt den rechten Wulst der Nackenmuskulatur vom linken und ist mit beiden verwachsen.
- Es setzt sich aus kollagenen und elastischen Fasern zusammen.

4.1.3 Übersicht zur Halsmuskulatur

Halsmuskulatur

oberflächliche Halsmuskeln
Platysma M. sternocleidomastoideus

infrahyale Muskulatur
M. sternohyoideus M. sternothyroideus M. thyrohyoideus M. omohyoideus

Skalenusgruppe
M. scalenus anterior M. scalenus medialis M. scalenus posterior

prävertebrale Muskulatur
M. longi colli M. longus capitis M. rectus capitis anterior

4.1.4 M. sternocleidomastoideus

- Er gehört zur Muskulatur des Halses und bestimmt das **Halsprofil**.
- Er grenzt die Regionen des Halses ab.
- Er wird umhüllt von der **Lamina superficialis fasciae cervicalis**.
- Zwischen seinen beiden Ursprüngen liegt die **Fossa supraclavicularis minor**.

Ursprung	Ansatz	Funktion	Nerv	Gefäße
- **Caput mediale**: Manubrium sterni - **Caput laterale**: Klavicula	- **Proc. mastoideus** - **Linea nuchae superior**	- Einseitig: **Beugung** der HWS, **Drehung des Gesichtes** zur Gegenseite, **Hebung** des Gesichtes - Doppelseitig: **Beugung** der HWS nach ventral, **Hebung** des Gesichtes, Atemhilfsmuskel	- **N. accessorius** (XI. Hirnnerv) - **Plexus cervicalis**	Rr. sternocleidomastoidei der **A. occipitalis**

Tabelle 23: M. sternocleidomastoideus

4.1.5 Verlauf der Nn. spinales

- Die **hintere** und **vordere Wurzel des Rückenmarks** vereinigen sich auf jeder Seite zum **Spinalganglion**, vom Spinalganglion zieht dann der **Spinalnerv** durch die Foramina intervertebralia. Nach seinem Austritt teilt sich der Spinalnerv nach kurzem Verlauf (ca. 1 cm) in vier Äste auf.

Ramus anterior	- Der R. anterior ist der **stärkste Ast**. - Er verläuft zur ventralen und lateralen Rumpfwand und versorgt diese **motorisch** und **sensibel**.  - Die Extremitätenmuskulatur und die Muskeln der ventralen Rumpfwand sind entwicklungsgeschichtlich verwandt. Die Rr. anteriores versorgen daher nicht nur die **Muskeln der Rumpfwand** sondern auch die **Extremitätenmuskeln**. - Von den Rr. anteriores der Spinalnerven ziehen nur die 12 Thorakalnerven als individuelle Nerven zur ihren Innervationsgebieten. Die restlichen Rr. anteriores bilden nach ihrem Austritt aus dem Wirbelkanal **Plexus**, in denen sie sich vermischen. Dieses Phänomen tritt besonders dort auf, wo entwicklungsgeschichtlich Verlagerungen des ursprünglich segmental angeordneten Materials stattgefunden haben (Extremitäten, Schultergürtel, etc.).
Ramus posterior	- Der R. posterior ist ein sensibel-motorisch gemischter Zweig und versorgt die **autochthone Rückenmuskulatur** und die **zugehörigen Hautgebiete**. - Er teilt sich in einen **Ramus medialis** und **Ramus lateralis**.
Ramus communicantes	- Die Rr. communicantes sind Anteile des **vegetativen Nervensystems**. - Sie stellen die **Verbindung zum Grenzstrang** des Sympathikus her.
Ramus meningeus	- Er zieht durch das Foramen intervertebrale wieder in das Rückenmark zurück und versorgt dort die Rückenmarkshäute **sensibel**.

Tabelle 24: Schema der Aufzweigung der Spinalnerven

4.1.6 Innervation der Nackenregion

Die ersten drei zervikalen Spinalnerven (**C1-C3**) verhalten sich abweichend vom Grundschema:

Ramus anterior	- Ihre Rami anteriores beteiligen sich am **Plexus cervicalis**.
Ramus posterior	- Ihre **Rami posteriores** haben eigene Namen: - **N. suboccipitalis** = Ramus posterior des 1. Zervikalnerven: Er ist **rein motorisch** und innerviert den M. longissimus capitis und den M. semispinalis capitis sowie die kurzen Nackenmuskeln. - **N. occipitalis major** = Ramus posterior des 2. Zervikalnerven: Er ist überwiegend **sensibel** und versorgt die Haut am Hinterkopf bis hinauf zum Scheitel. - **N. occipitalis tertius** = Ramus posterior des 3. Zervikalnerven: Er bildet mit dem N. occipitalis major Anastomosen und versorgt ebenfalls die Haut am Hinterkopf.

Tabelle 25: Besonderheit bei der Innervation der Nackenregion: Spinalnerven C1-C3

4.1.7 Plexusbildung

Es kommen vier Plexus vor, die sich lumbosacral noch zusammenfassen oder trennen lassen:

			Beteiligte Segmente
Plexus cervicalis			C1 bis C4
Plexus brachialis			C5 bis T1 (teilweise auch C4 und T2)
Plexus lumbosacralis	**Plexus lumbalis**		L1 bis L3 (teilweise auch L4)
	Plexus sacralis		L5 bis S5 (teilweise auch L4)
		Plexus pudendus	S2 bis S4
		Plexus coccygeus	S4 bis Co

Tabelle 26: Schema der Plexusbildung

- Die **Plexusbildung** bedeutet also in Bezug auf die versorgte Skelettmuskulatur:
  - Jeder Skelettmuskel erhält Nervenfasern aus mehreren Rückenmarkssegmenten.
  - Jedes Rückenmarkssegment ist an der Innervation mehrerer Muskeln beteiligt.

    - Eine periphere Nervenschädigung, d.h. distal des Plexus, führt daher zum totalen Ausfall der motorischen Innervation.
    - Eine Schädigung proximal des Plexus führt nicht zu einem Totalausfall der versorgten Muskulatur, da an der Innervation auch noch andere - intakte - Segmente beteiligt sind.

4.1.8 N. occipitalis minor

- Der N. occipitalis minor stammt aus der **Radix sensoria** des **Plexus cervicalis** (genauer: C2-C3).
- Er zieht am Hinterrand des M. sternocleidomastoideus auf dem M. splenius capitis zur **Haut der seitlichen Hinterhauptsgegend**, die er sensibel innerviert.
- Er steht in Verbindung mit dem N. occipitalis major und dem N. auricularis magnus.

4.1.9 A. cervicalis profunda

- Sie stammt aus dem **Truncus costocervicalis** (dieser ist ein Ast der A. subclavia).
- Sie zieht zwischen den Querfortsätzen des **untersten Halswirbels** und **obersten Brustwirbels** zur tiefen Nackenmuskulatur und gibt außerdem noch Rr. spinales zu den Rückenmarkshäuten ab.
- Sie versorgt die tiefe Nackenmuskulatur und über Rr. spinales das Rückenmark und die Rückenmarkshäute.

4.1.10 A. vertebralis

- Die A. vertebralis ist ein Ast der A. subclavia. Sie zieht durch die Foramina proc. transversi der Halswirbel (**Pars transversaria**, zuvor **Pars praevertebralis**) hindurch zur Massa lateralis des Atlas. Dort beschreibt sie einen Bogen (**Pars atlantis**) und gelangt letztlich durch das Foramen magnum in den Schädel (**Pars intracranialis**). Die Aa. vertebrales beider Seiten vereinigen auf Höhe der Brücke zur **A. basilaris**.
- Die A. vertebralis gibt folgende Äste ab: Rr. spinales, R. meningeus, Aa. spinales posteriores, A. spinalis anterior, A. inferior posterior cerebrelli.

4.1.11 Kurze Nackenmuskeln

- Die kurzen Nackenmuskeln werden auch als tiefe Nackenmuskeln bezeichnet.
- Zu ihnen zählen im engeren Sinn:
  - **M. rectus capitis posterior minor** (spinales System)
  - **M. rectus capitis posterior major** (spinales System)
  - **M. obliquus capitis superior** (intertransversales System)
  - **M. obliquus capitis inferior** (spinotransversales System)
- Sie dienen der Feineinstellung in den Kopfgelenken und bewirken gemeinsam eine Dorsalflexion des Kopfes. Teilweise wirken sie auch rotatorisch oder neigen den Kopf zur Seite.
- Im funktionellen Sinn können auch der **M. rectus capitis lateralis** und **M. rectus capitis anterior** als Nackenmuskeln verstanden werden. Sie zählen jedoch zum autochthonen System.

4.1.12 Interspinales und spinales System

- Diese Muskeln spannen sich **zwischen den Procc. spinosi** aus, die obersten ziehen bis zum Os occipitale.
- Zu ihnen zählen:
  - die rein segmentalen **Mm. interspinales**.
  - die mehr als ein Segment einschließenden **Mm. spinales**.
  - die **Mm. recti capitis posterior major et minor**.

	Ursprung	Ansatz	Funktion	Nerv	Gefäße
Mm. interspinales cervicis	Sie spannen sich als paarige Muskeln zwischen gespaltenen **Procc. spinosi** aus		- **Halteaufgaben** - **Streckung der WS**	**Rr. posteriores der Spinalnerven**	**Aa. intercostales**
Mm. interspinales thoracis (fehlen oft)	**Proc. spinosus**	**Proc. spinosus**			
Mm. interspinales lumborum					
M. spinalis capitis (fehlt oft)	**Dornfortsätze** der unteren Hals- und oberen BWS	Zwischen Linea nuchalis sup. und inf.			
M. spinalis cervicis	**Dornfortsätze** C4 - C7	**Dornfortsätze** C2 - C3			
M. spinalis thoracis	**Proc. spinosi** der unteren BWS/ L1/ L2	**Dornfortsätze** der oberen Brustwirbel			
M. rectus capitis posterior major	**Proc. spinosus des Axis**	Mittleres Drittel der **Linea nuchalis inferior**		**Äste des N. suboccipitalis**	
M. rectus capitis posterior minor	**Tuberculum posterior** des **Atlas**	Medial **unterhalb** der **Linea nuchalis inferior**			

Tabelle 27: Interspinales und spinales System der autochthonen Rückenmuskulatur

4.1.13 Sakrospinales System der autochthonen Rückenmuskulatur

- Die Muskeln entspringen mit einer gemeinsamen Sehnenplatte am **Os sacrum,** den **Processus spinosi** der Lumbalwirbel, am **Labium externum der Crista iliaca** und der **Fascia thoracolumbalis**.
- Sie inserieren an der **Wirbelsäule** und an den **Rippen**, von denen zusätzliche Ursprünge ausgehen.
- Das sakrospinale System besteht aus drei Untergruppen, die an vielen Stellen flächenartig verwachsen sind:
  - **Iliokostalis-Gruppe**
  - **Longissimus-Gruppe**
  - **Mm. levatores costarum breves et longi**

	Ursprung	Ansatz	Funktion	Nerv	Gefäße
M. iliocostalis lumborum	- **Crista iliaca** (Labium externum) - Facies dorsalis des **Os sacrum** - **Fascia thoracolumbalis**	- **Angulus costae** 5 - 12	- BWS/ LWS: **Streckung** und Lateralflexion - **Exspiration**	**Rr. posteriores der Spinalnerven**	**Aa. intercostales**
M. iliocostalis thoracis	- **Angulus costae** 7 - 12	- **Angulus costae** 1 - 6	- BWS: **Streckung** und Lateralflexion - **Exspiration**		
M. iliocostalis cervicis	- **Angulus costae** 3 - 6	- **Tuberculum posterius** C3 - C6	- HWS: **Dorsalflexion** und **Lateralflexion** - **Inspiration**		
M. longissimus thoracis	- **Facies dorsalis** des Os sacrum - **Procc. transversi** (LWS und untere BWS)	- **Procc. transversi** (BWS/LWS) - **Rippe** 2 - 12 zwischen Angulus costae und Tuberculum costae	- BWS: **Streckung** und Lateralflexion - **Exspiration**		
M. longissimus cervicis	- **Proc. transversus** T1 - T6	- **Tubercula posteriora** C2 - C7	- HWS: **Streckung** und **Lateralflexion**		
M. longissimus capitis	- **Proc. transversus** C3 - T3	- **Proc. mastoideus**	- Kopf/ HWS: **Streckung** und **Seitwärtsneigung**		
Mm. levatores costarum breves et longi	- **Proc. transversus** C7 - T11	- **breves**: nächst tiefere Rippe - **longi**: übernächst tiefere Rippe	- Streckung und **Seitwärtsneigung** - **Drehung**		

Tabelle 28: Sakrospinale Gruppe des autochthonen Rückenmuskulatur

4.1.14 Übersicht der autochthonen Rückenmuskulatur

- Die **autochthone** (= ortsständige) **Rückenmuskulatur** entsteht aus dorsalen Myotomen. Sie wird daher (im Gegensatz zur sekundären Rückenmuskulatur) von den **Rr. posteriores** der Spinalnerven innerviert. Topographisch bildet die autochthone Gruppe die tiefe Rückenmuskulatur. Sie hält die Wirbelsäule gestreckt und wirkt der Schwerkraft entgegen. In ihrer Gesamtheit wird sie daher auch als **M. erector spinae** bezeichnet.

- Auf jeder Seite ist ein **medialer** und ein **lateraler Muskelstrang** zu trennen:

	medialer Muskelstrang	lateraler Muskelstrang
Innervation *	mediale Äste der Rr. posteriores	laterale Äste der Rr. posteriores
Lage	Im **Sulcus dorsalis** zwischen den Processus spinosi und Processus transversi	Oberflächlich im **Sulcus costovertebralis**, seitlich der Querfortsätze der Wirbel
Untergliederung	- transversospinales System - interspinales und spinales System	- intertransversales System - spinotransversales System - sakrospinales System

* Hinweis: Einige Autoren teilen den medialen und lateralen Trakt nicht wie oben nach der Innervation, sondern nach der Lage ein.

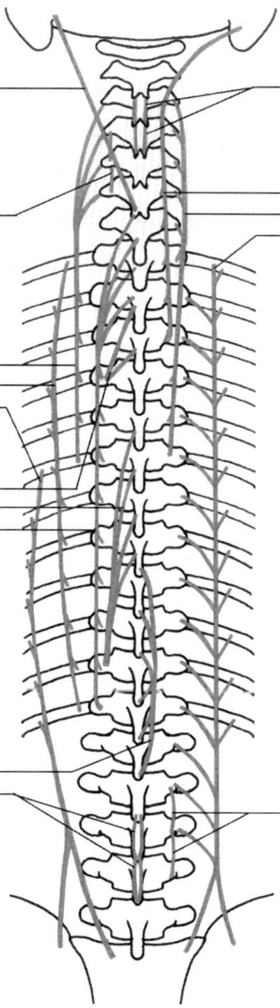

Abbildung 2: Autochthone Rückenmuskulatur

4.2 Regio glutaea und Regio femoris posterior

4.2.1 A. glutealis superior

- Sie ist ein dorsaler Ast der A. iliaca interna und zieht durch das **Foramen suprapiriforme**.
- Sie teilt sich in:
  - **R. superficialis:** Versorgt die **Mm. glutaei maximus et medius**.
  - **R. profundus:** Versorgt die **Mm. glutaei medius et minimus**.

4.2.2 A. pudenda interna

- Die A. pudenda interna ist ein Ast der **A. iliaca interna**. Sie zieht durch das **Foramen infrapiriforme** aus dem Becken heraus und durch das **Foramen ischiadicum minus** wieder zurück ins kleine Becken, d.h. um das Lig. sacrospinale herum.
- In der **Fossa ischioanalis** verläuft sie nahe des Schambeinastes im **Canalis pudendalis** (= Alcock-Kanal, eine Faszienduplikatur des M. obturator internus).
- Äste:
  - **A. rectalis inferior**: Zieht zum **Canalis analis**.
  - **Tiefe Äste**: A. bulbi penis oder clitoridis; A. urethralis; A. dorsalis penis oder clitoridis; A. profunda penis oder clitoridis: Diese versorgen beim Mann Penis und Harnröhre, bei der Frau die Vulva.
  - **Oberflächliche Äste**: A. perinealis; Rr. scrotales bzw. labiales.

4.2.3 Foramen ischiadicum minus

- Gebildet von der **Incisura ischiadica minor** und dem **Lig. sacrotuberale** und **Lig. sacrospinale**.
- Hier tritt der **M. obturator internus** (auf einem Schleimbeutel) hindurch.
- Wieder zurück ins kleine Becken gelangen: **A.** und **V. pudenda interna** sowie der **N. pudendus**.

4.2.4 Kurze Hüftmuskeln

- Zu den kurzen Hüftmuskeln (= mediale Gruppe der äußeren Hüftmuskeln) gehören: **M. piriformis, Mm. obturatores internus et externus, Mm. gemelli superior et inferior, M. quadratus femoris**.
- Sie entspringen im **Inneren** des kleinen Beckens (im Gegensatz zu den Mm. glutaei, die außen entspringen), ziehen auf die Beckenaußenseite und inserieren in der Nähe des Trochanter major.

4.2.5 M. quadratus femoris

Er gehört zu den **äußeren Hüftmuskeln**.

Ursprung	Ansatz	Funktion	Nerv	Gefäße
Tuber ischiadicum	**Crista intertrochanterica**	- **Außenrotation** - **Adduktion**	**N. ischiadicus**	**A. glutealis inferior** (Ast der A. iliaca interna)

Tabelle 29: M. quadratus femoris

4.2.6 M. obturator externus

Er gehört zu den **äußeren Hüftmuskeln**.

Ursprung	Ansatz	Funktion	Nerv	Gefäße
- Außen am knöchernen Rand des **Foramen obturatum** - **Membrana obturatoria**	**Fossa trochanterica**	- **Außenrotation** - **Adduktion**	**N. obturatorius**	R. anterior der **A. obturatoria** (Ast der A. iliaca interna)

Tabelle 30: M. obturator externus

4.2.7 Mm. gemelli

Sie gehören zu den **äußeren Hüftmuskeln**.

	Ursprung	Ansatz	Funktion	Nerv	Gefäße
M. gemellus superior	**Spina ischiadica**	**Sehne des M. obturator internus**	**Außenrotation**	**Plexus sacralis**	**A. glutealis inferior**
M. gemellus inferior	**Tuber ischiadicum**				

Tabelle 31: Mm. gemelli superior et inferior

4.2.8 Aa. perforantes

- So werden **3-5 Äste der A. femoralis** bezeichnet, die die Adduktorengruppe des Oberschenkels in der Nähe ihrer Ansätze durchbrechen.
- Sie **versorgen die Adduktorengruppe** und die dorsal davon gelegenen Muskeln.
- Aus ihnen gehen die Aa. nutriciae femoris hervor.

4.3 Regio cruris posterior und Planta pedis

4.3.1 Fibularisgruppe

	Ursprung	Ansatz	Funktion	Nerv	Gefäße
M. fibularis longus = M peronaeus longus	- Oberes und mittleres Drittel der **Seitenfläche der Fibula** - **Caput fibulae** - Septum intermusculare anterius et posterius cruris - Fascia cruris	- **Os cuneiforme mediale** - **Basis des Os metatarsale I**	- **Plantarflexion** - **Pronation** - Verspannung des Fußquerbogens und des Fußlängsbogens	**N. fibularis superficialis**	**Rr. musculares der A. fibularis**
M. fibularis brevis = M peronaeus brevis	- Mittleres und unteres Drittel der **Seitenfläche der Fibula** - Septum intermusculare anterius et posterius cruris	- **Tuberositas ossis metatarsalis V**	- **Plantarflexion** - **Pronation**		

Tabelle 32: Seitliche Unterschenkelmuskeln (Fibularisgruppe = Peronaeusgruppe)

4.3.2 Chiasma plantare

- Das Chiasma plantare liegt im Sulcus tendinis m. flexoris hallucis longi des Calcaneus.
- Hier überkreuzt (*griech*: Chiasma = Kreuzung) die Sehne des M. flexor digitorum longus die Sehne des M. flexor hallucis longi.

4.3.3 Arcus plantaris profundus

- Der Arcus plantaris profundus wird von der **A. plantaris lateralis** gebildet.
- Die A. plantaris lateralis verläuft bogenförmig von lateral zwischen dem Caput obliquus des M. adductor hallucis und den Mm. interossei nach medial.

5 5. Tag

5.1 Gesicht

5.1.1 Tragus

- Der Tragus ist die knorpelige Erhebung vor dem äußeren Gehörgang.
    - Bei einer Entzündung des äußeren Gehörgangs (Otitis externa) ist der Druck auf den Tragus sehr schmerzhaft (= Tragusdruckschmerz).

5.1.2 Übersicht zur Gesichtsmuskulatur

Gesichts-muskulatur	**Mm. epicranii**	**Muskel der Lidspalte**
	Venter frontalis m. occipitofrontalis Venter occipitalis m. occipitofrontalis M. temporoparietalis M. corrugator supercilii	M. orbicularis oculi

Muskeln der Nase	**Muskeln des Mundes**	**Muskeln des äußeren Ohres**
M. procerus M. nasalis	M. orbicularis oris M. levator labii superioris M. levator labii superioris alaeque nasi M. zygomaticus major M. zygomaticus minor M. levator anguli oris M. risorius M. depressor anguli oris M. depressor labii inferioris M. buccinator M. mentalis	M. auricularis anterior M. auricularis superior M. auricularis posterior

5.1.3 Mimische Muskulatur

- Die mimische Muskulatur ist die Gesichtsmuskulatur, ihre Kontraktion bestimmt die Gesichtskonturen.
- Die mimische Muskulatur inseriert direkt in der Haut.
- Die Gesichtsmuskulatur besteht im engeren Sinne aus **Schließmuskeln** um Mund, Nase, Orbita und den äußeren Gehörgang. Auch zählen noch die **Mm. epicranii** hinzu, die an der Galea aponeurotica ansetzen. (Die Galea aponeurotica ist ein Sehnenspiegel über der Schädelkalotte.)
    - Sie entwickelt sich einheitlich aus dem 2. Branchialbogen und wird daher vom **N. facialis** (Hirnnerv VII) innerviert.

5.1.4 Fascia parotidea

- Die **Faszientasche** für die Glandula parotidea wird von der **Lamina superficialis** der **Fascia cervicalis** gebildet.

5.2 Hals

5.2.1 Platysma

- Ein **platter dünner Hautmuskel** auf der oberflächlichen Halsfaszie.
- Er bedeckt die **V. jugularis externa**.
- Im Kinnbereich durchflechten sich Platysma und mimische Muskulatur, nach unten reicht es bis an die oberen Rippen.

Ursprung	Ansatz	Funktion	Nerv	Gefäße
- **Basis mandibulae** - **Fascia parotidea**	**Fascia pectoralis**	Spannt die Haut des Halses	**R. colli n. facialis** (N. VII)	**A. facialis**

Tabelle 33: Platysma

5.2.2 N. transversus colli

- Er entstammt der **Radix sensoria des Plexus cervicalis** und ist den Segmenten **C2** und **C3** zuzuordnen.
- Er überquert den M. sternocleidomastoideus und zieht in die vordere Halsregion, wo er sich unter dem Platysma in seine Endäste aufteilt. Dabei verlaufen die Endäste teilweise zusammen mit dem R. colli n. facialis in einer gemeinsamen Perineuralscheide.
- Er versorgt das Gebiet vom Unterkieferrand bis zur Fossa jugularis.

5.3 Brustwand

5.3.1 V. thoracoepigastrica

- Sie mündet über die V. axillaris in die V. subclavia.
- Sie läuft an der seitlichen Thoraxwand empor.
- An der Bauch-Brust-Grenze anastomosiert sie mit der V. epigastrica superficialis, die dann in die V. femoralis abfließt.

5.3.2 Rr. cutanei anteriores et laterales nervi intercostales

- Die Rr. anteriores der thorakalen Spinalnerven T1-T11 werden als **Nn. intercostales** bezeichnet. Der thorakale Spinalnerv 12 ist der **N. subcostalis**.
- Die sensible Versorgung der Bauchwand gewährleisten dabei die Nn. intercostales VII-XI und der N. subcostalis.
- Sie gelangen hinter den Rippenknorpel in den Bindegewebsraum zwischen M. transversus abdominis und M. obliquus internus abdominis, ziehen dann nach ventral und durchbrechen die Rektusscheide. **Äste:**
    - **Rr. musculares**: versorgen die seitlichen und vorderen Bauchmuskeln.
    - **R. cutaneus lateralis**: versorgt sensibel die Bauchwand. Tritt zwischen den Zacken des M. serratus lateralis durch. Teilt sich in der vorderen Axillarlinie.
    - **R. cutaneus anterior**: sensibler Endast, der die Bauchwand beidseits der Medianlinie versorgt.

5.3.3 Nn. supraclaviculares

- Sie stammen aus dem **Plexus cervicalis** (C3-C4).
- Sie verlaufen vom Platysma bedeckt und teilen sich auf in die **Nn. supraclaviculares mediales et intermedii et laterales**. Sie versorgen sensibel die Haut über Schlüsselbein und Schulter.

5.3.4 N. suprascapularis

- Er stammt aus der **Pars supraclavicularis** des **Plexus brachialis**.
- Er verläuft durch die Incisura scapulae unterhalb des Lig. transversum scapulae.
- Er versorgt den **M. supraspinatus** und **M. infraspinatus**.

5.4 Vordere Bauchwand

5.4.1 Umbilicus

- Der Nabel (**Umbilicus**) liegt in der Mitte auf einer gedachten Linie zwischen Processus xiphoideus und der Symphyse.
- Hier besitzt die Linea alba eine Aussparung, die durch den Nabelring (**Anulus umbilicalis**) begrenzt wird.
- Die Einziehung des Nabels erklärt sich durch das Fehlen von subkutanem Fettgewebe in diesem Bereich.

- In der intrauterinen Zeit ziehen hier die Nabelschnurgefäße hindurch. Postnatal veröden diese und Bindegewebe füllt die dadurch entstehende Lücke aus.

5.4.2 V. epigastrica superficialis

- Sie zählt zum oberflächlichen Venensystem.
- Sie drainiert aus dem Bereich der Haut oberhalb des Leistenbandes.
- Sie mündet im Venenstern in die V. saphena magna oder auch direkt in die V. femoralis.

5.4.3 Vv. paraumbilicales

- Sie sind oberflächliche Hautvenen der Nabelregion.

- Bei einer länger bestehenden Behinderung des Blutabflusses in der Bauchhöhle (z.B. Pfortaderhochdruck) bildet sich über sie ein Umgehungskreislauf von der V. portae zur V. cava inferior aus. Die Vv. paraumbilicales treten dann durch die stärke Blutfüllung deutlicher hervor und es kommt zur Bildung von Varizen. Diese erinnern an den Medusenkopf und werden daher als **Caput medusae** bezeichnet.

5.4.4 Fascia abdominis superficialis

- Sie ist die **oberflächliche Bauchfaszie** und stellt den über den Bauchmuskeln und ihren Aponeurosen gelegenen Teil der allgemeinen Körperfaszie dar.
- Sie setzt sich nach kranial in die **Fascia pectoralis** fort. Kaudal ist sie mit dem Leistenband fest verwachsen und geht dort in die **Fascia lata** über.
- Sie bildet auch die **Fibrae intercrurales**, das **Lig. fundiforme penis** und die **Fascia spermatica externa**, die den Funiculus spermaticus überzieht.

5.4.5 Leistenringe

- Sie bilden die Öffnungen des Leistenkanals:
  - **Anulus inguinalis profundus** (= innerer Leistenring): Die innere Öffnung des Leistenkanals liegt 1,5 cm über der Mitte des Lig. inguinale in der **Fossa inguinalis lateralis**.
  - **Anulus inguinalis superficialis** (= äußerer Leistenring): Die äußere Öffnung des Leistenkanals liegt lateral vom Tuberculum pubicum. Der äußere Leistenring wird vom Crus mediale und vom Crus laterale der Externusaponeurose und von den Fibrae intercrurales gebildet.

5.4.6 Funiculus spermaticus

- Er tritt am **Anulus inguinalis profundus** in den Leistenkanal ein und am **Anulus inguinalis superficialis** aus diesem aus.
- Nach seinem Austritt wird er von der Fascia abdominalis superficialis bedeckt und ist an seinem Austrittspunkt unter der Haut zu tasten, ehe er sich ins Skrotum einsenkt.
- Er besteht aus:

Fascia spermatica externa	Fortsetzung der oberflächlichen Bauchfaszie und der Aponeurose des M. obliquus externus abdominis.
Fascia spermatica interna	Fortsetzung der Fascia transversalis.
Ductus deferens	Fortsetzung des Ductus epididymidis. Ihm schließen sich die A. ductus deferentis und die V. ductus deferentis an.
M. cremaster	Zu ihm gehören: - Fascia cremasterica - A. cremasterica (bei der Frau: A. ligamenti teretis uteri) - V. cremasterica
A. testicularis	Sie entspringt der Pars abdominalis aortae.
Plexus pampiniformis **V. testicularis**	Venengeflecht im Samenstrang. Der Abfluß erfolgt rechts in die V. cava inferior, links in die V. renalis.
Vasa lymphatica	Der Abfluß der Lymphe erfolgt über die Nodi lymphatici iliaci interni.
Vestigium processus vaginalis	inkonstant vorkommende Reste des Processus vaginalis peritonei.
Plexus deferentialis	autonomes Nervengeflecht um den Ductus deferens.
Plexus testicularis	autonomes Nervengeflecht um die A. testicularis für den Hoden und Nebenhoden.

Tabelle 34: Aufbau des Funiculus spermaticus

5.4.7 Lig. teres uteri

- Das **Lig. teres uteri** zieht vom Uterus-Tubenwinkel durch den Canalis inguinalis zu den Labia majora und ist ein Überbleibsel des Keimdrüsenbandes.

5.5 Regio femoris anterior

5.5.1 Hiatus saphenus

- Der Hiatus saphenus ist eine große Öffnung und liegt in der Fascia lata unterhalb des Lig. inguinale.
- Durch ihn ziehen die **V. saphena magna**, Lymphgefäße und kleinere Nerven. Zuvor treten in die V. saphena magna noch ein**: Vv. pudendae externae,** die **V. epigastrica superficialis** und die **V. circumflexa iliaca superficialis** (Diese Zusammenflüsse bilden den sog. **Venenstern**).
- Der laterale Rand (= Margo falciformis) ist durch Kollagenfaserzüge scharf begrenzt.
- Den oberflächlichen Verschluß zur Haut hin bildet die Fascia cribrosa.

5.5.2 Lymphabfluß der Bauchwand

- Die oberflächlichen Schichten haben zwei stark abgegrenzte Einzugsgebiete:
  - <u>Oberhalb des Nabels</u>: Die Lymphe fließt von den **Nodi lymphatici axillares superficiales** über die **Nodi lymphatici axillares profundi** in den **Truncus subclavius sinister** oder **dexter.**
  - <u>Unterhalb des Nabels</u>: Die Lymphe fließt über die **Nodi lymphatici inguinales superficiales** zusammen mit Zuflüssen der unteren Extremität und der Genitale zu den **Nodi lymphatici inguinales profundi** und von dort über die **Nodi lymphatici iliaci externi** in den **Truncus lumbalis sinister** oder **dexter**.

5.5.3 N. cutaneus femoris lateralis

- Er stammt aus dem **Plexus lumbalis**, ist dabei L2 und L3 zuzuordnen.
- Er verläuft in der Fossa iliaca auf dem M. iliacus, zieht dann durch die **Lacuna musculorum**.
- Er versorgt sensibel die Haut seitlich auf dem Oberschenkel.

5.5.4 N. femoralis

- Der N. femoralis stammt aus dem **Plexus lumbalis** (L1-L2) und ist dessen stärkster Nerv.
- Er gelangt durch die **Lacuna musculorum in die Fossa iliopectinea**, wo er sich in folgende **Äste** aufspaltet:
  - **Rr. musculares**: Sie ziehen zum M. psoas major und M. iliacus. Unterhalb des Leistenbandes ziehen weitere Rr. musculares zum M. quadriceps femoris, M. sartorius und zum M. pectineus (letzterer wird zusätzlich auch vom N. obturatorius versorgt).
  - **Rr. cutanei anteriores**: Diese durchbrechen die Fascia lata und versorgen die vordere und mediale Haut des Oberschenkels und des Knies.
  - **N. saphenus**: Dieser Unterschenkelast ist rein sensibel und zieht durch den Adduktorenkanal zur medialen Gegend des Kniegelenks. Der R. infrapatellaris versorgt die Haut über der Kniescheibe. Die Rr. cutanei cruris medialis versorgen die mediale Fläche des Unterschenkels und Fußes.

<u>5.6 Regio cruris anterior und Dorsum pedis</u>

5.6.1 V. saphena magna

- Die V. saphena magna ist eine **oberflächliche Beinvene**.
- Sie erhält ihre ersten Zuflüsse am **medialen** Fußrücken aus dem **Rete venosum dorsale** und dem **Arcus venosus dorsalis pedis**.
- Sie zieht **medial** am Unterschenkel (dort durchbrechen Seitenäste die Fascia cruris und gelangen zu den tiefen Beinvenen) mit dem N. saphenus am Condylus medialis femoris vorbei **auf die Vorderseite des Femur**.
- Sie mündet subfaszial unter dem Hiatus saphenus in die **V. femoralis**.
- Sie anastomosiert oberflächlich auf der Rückseite des Unterschenkels mit der V. saphena parva.

- Besonders die V. saphena magna und die V. saphena parva können **Varizen** (Krampfadern) bilden. Die Venen schlängeln und erweitern sich und ihre **Venenklappen** schließen nicht mehr korrekt.

6 6. Tag

6.1 Gesicht

6.1.1 Glandula parotidea

- Die Ohrspeicheldrüse liegt auf dem **M. masseter** und setzt sich mit ihrer großen Pars profunda hinter dem Unterkieferrand bis in die Fossa retromandibularis fort.
- Sie ist kapselartig von der Fascia parotidea umhüllt.
- Im Drüsenkörper verzweigt sich der **N. facialis** zum Plexus parotideus.
- Ihr Ausführungsgang ist der **Ductus parotideus**, der den M. masseter überquert, den M. buccinator durchbohrt und in der **Papilla parotidea** in das Vestibulum oris auf Höhe des 2. oberen Molaren mündet.

- Die Kinderkrankheit **Mumps** (= Parotitis epidemica) ist eine virale Entzündung der Glandula parotidea. Sie führt zu einer schmerzhaften, nichteitrigen Schwellung. Als Komplikation können auch andere drüsige Organe mitbetroffen sein. Gefürchtet ist bei Jungen die Mumpsorchitis, die bei Auftreten nach der Pubertät zur Sterilität führen kann.

6.1.2 A. transversa faciei

- Sie ist ein Ast der **A. temporalis superficialis**, die selbst ein Endast der A. carotis externa ist.
- Sie versorgt die Wangenregion.

6.1.3 A. facialis

- Die A. facialis (= Gesichtsarterie) entspringt am Truncus linguofacialis aus der **A. carotis externa**.
- Sie zieht in einer Rinne medial der Gl. submandibularis zum Unterkieferrand und dann schräg aufwärts zum medialen Augenwinkel.
- Sie versorgt die mimische Muskulatur, den weichen Gaumen, die Pharynxwand, die Tonsillarregion und die Mundbodenmuskulatur.
- Sie gibt zu den Lippen die **Aa. labiales superior et inferior** ab.

6.1.4 M. orbicularis oris

- Er gehört zur mimischen Gesichtsmuskulatur (und wird daher vom **N. facialis** innerviert).
- Er umschließt ringförmig die Mundöffnung.
- Er dient dem Schließen und Zuspitzen des Mundes.

6.1.5 Wangenfettpfropf

- Das **Corpus adiposum buccae** (= Bichat-Fettpfropf) besteht aus weißem Baufett.
- Er liegt zwischen dem M. buccinator, M. masseter und der medialen Fläche des Os temporale.
- Er dient der Anpassung an die veränderten Raumverhältnisse beim Kauen.

6.1.6 M. buccinator

Er gehört zur Gesichtsmuskulatur und bildet die Grundlage der Wange.

Ursprung	Ansatz	Funktion	Nerv	Gefäße
- **Raphe pterygomandibularis** - **Maxilla** - **Mandibula**	**M. orbicularis oris**	- **Backenblaser** - **Trompetermuskel** - **Saugmuskel**	**N. facialis**	**A. buccalis** (aus der A. maxillaris)

Tabelle 35: M. buccinator

6.1.7 N. buccalis

- Er ist ein Ast des **N. mandibularis** (aus dessen somatoafferenter Portio major).
- Er zieht zwischen den beiden Köpfen des M. pterygoideus lateralis über die Außenfläche des M. buccinator zur **äußeren Wangenhaut**.
- Er gibt Äste zur Wangenschleimhaut und zum Zahnfleisch des Unterkiefers ab.

6.1.8 M. masseter

Er gehört zur Kaumuskulatur.

Ursprung	Ansatz	Funktion	Nerv	Gefäße
Arcus zygomaticus	**Tuberositas masseterica** am Angulus mandibulae	**Kieferschluß**	**N. massetericus** (aus der Radix motoria n. trigemini)	**A. masseterica** (aus der A. maxillaris)

Tabelle 36: M. masseter

6.1.9 Glandulae labiales

- Die Glandulae labiales sind seromuköse Drüsen in der Schleimhaut der Lippen.
- Sie zählen zu den kleinen Mundspeicheldrüsen.

6.2 Hals

6.2.1 Punctum nervosum

- Das Punctum nervosum (= Erb´scher Punkt) liegt in der Mitte am Hinterrand des M. sternocleidomastoideus.
- Er ist der Austrittspunkt der **Hautnerven des Plexus cervicalis.**
- Es treten aus:
  - **N. occipitalis minor**: verläuft am Hinterrand des M. sternocleidomastoideus aufwärts.
    N. auricularis magnus: verläuft auf dem M. sternocleidomastoideus zum Ohr.
  - **N. transversus colli**: verteilt sich auf dem M. sternocleidomastoideus und zieht zum vorderen Halsbereich.
  - **Nn. supraclaviculares mediales, intermedii** et **laterales**: verlaufen bis zum Oberrand der Klavikula unterhalb der oberflächlichen Halsfaszie und ziehen dann zur Haut der seitlichen Hals- und Schulterregion.

- Druch die vielen sensiblen Nervenaustritte ist stärkerer Druck auf den Erb´schen Punkt sehr schmerzhaft. (Was sogar in Selbstverteidigungskursen unterrichtet wird...)

6.2.2 V. jugularis anterior

- Sie mündet in die **V. subclavia**.
- Sie sammelt das Blut des unteren Halsabschnittes und der unteren Zungenbeinmuskeln.
- Die beiden Vv. jugulares anteriores können über einen **Arcus venosus jugularis** verbunden sein.

6.2.3 V. jugularis externa

- Sie mündet in die **V. subclavia**.
- Sie entsteht durch den Zusammenfluß der **V. occipitalis** und der **V. auricularis posterior**.
- Sie verläuft auf der Lamina superficialis fasciae cervicalis.

6.2.4 Zentrale Venenkatheter

- Die **V. jugularis interna** oder **V. jugularis externa** sind geeignete Venen, um durch perkutane Punktion einen zentralen Venenkatheter (ZVK) einzubringen. Alternativ wird auch die **V. subclavia** punktiert, jedoch ist hier die Komplikationsrate (z.B. könnte durch Fehlpunktion ein Pneumothorax entstehen) höher.
- Auch das Entfernen der zentralen Venenkatheter ist nicht ganz risikofrei. In den herznahen großen Venen herrscht ein Unterdruck. Diese Druckverhältnisse müssen beachtet werden: Wird die Vene nach dem Ziehen des ZVK nicht sorgfältig komprimiert, kann Luft von außen angesaugt werden und es droht eine Luftembolie.

6.2.5 Fascia cervicalis

Drei Anteile werden unterschieden:

- **Lamina superficialis** (= oberflächliche Halsfaszie)
  - Sie liegt unter dem Platysma.
  - Sie umhüllt den M. sternocleidomastoideus.
  - Sie bedeckt als **Fascia nuchae** die dorsale Oberfläche des M. trapezius.
  - Sie ist an der Unterkante der Mandibula befestigt.
  - Sie setzt sich in die **Fascia masseterica** des Kopfes fort.
  - Kaudal ist sie verbunden mit der Klavikula und setzt sich in die **Fascia pectoralis** fort.
  - Sie bildet eine Faszientasche für die Gl. submandibularis und die Gl. parotidea.

- **Lamina praetrachealis** (= mittlere Halsfaszie)
  - Sie ist zwischen den kranialen Bäuchen der beiden **Mm. omohyoidei** dreieckig ausgespannt und wird durch deren Kontraktion gespannt.
  - Sie umschließt die infrahyale Muskulatur.
  - Sie ist verbunden mit der **Vagina carotica**, die den Gefäßnervenstrang des Halses umhüllt. So hält sie in gespanntem Zustand das Lumen der V. jugularis interna offen. Dies ist notwendig, da in den herznahen großen Venen ein Unterdruck herrscht.

- **Lamina praevertebralis** (= tiefe Halsfaszie)
  - Sie überlagert die Mm. scaleni, den M. longus capitis und den M. longus colli.
  - Sie ist an der Halswirbelsäule fixiert.
  - Sie erstreckt sich von der Schädelbasis bis in den Brustkorb.
  - Sie geht im Brustbereich in die **Fascia endothoracica** über.
  - Sie bedeckt den Truncus sympathicus, den Plexus brachialis und die A. subclavia.

6.2.6 Regio cervicalis lateralis

Grenzen		Strukturen
ventral	Hinterrand des M. sternocleidomastoideus	- Die Regio cervicalis lateralis ist eine **Loge** zwischen der Lamina superficialis fasciae cervicalis und Lamina praevertebralis fasciae cervicalis. - Am Hinterrand in der Mitte des M. sternocleidomastoideus liegt das **Punctum nervosum** (= Erb´scher Punkt). - **Nn. supraclaviculares**: Ziehen durch die Loge und dringen erst kurz vor ihren Zielgebieten durch die oberflächliche Halsfaszie. - **N. accessorius** (Hirnnerv XI): verläuft auf der tiefen Halsfaszie über dem M. levator scapulae. - **A.** und **V. cervicalis superficialis**.
kranial		
medial		
dorsal	M. trapezius	
kaudal	Venter inferior m. omohyoidei	
kaudal	Klavikula	

Tabelle 37: Regio cervicalis lateralis

6.3 Brustwand

6.3.1 V. cephalica

- Sie mündet in die V. axillaris.
- Sie verläuft an der Radialseite des Unterarms im **Sulcus deltoideopectoralis** (= Furche zwischen dem M. deltoideus und M. pectoralis major). Sie zieht dann im Sulcus bicipitis lateralis des Oberarms zum Trigonum deltoideopectorale zu ihrer Mündung.

6.3.2 Fascia clavipectoralis

- Sie bedeckt gemeinsam den **M. pectoralis minor** und **M. subclavius**.
- Sie ist mit dem Periost der Klavikula und des Processus coracoideus verwachsen.

6.3.3 Mohrenheimsche Grube

- Das **Trigonum deltoideopectorale** (= Mohrenheimsche Grube) ist eine Einsenkung unterhalb der Klavikula zwischen dem M. pectoralis major und dem M. deltoideus.

6.3.4 M. pectoralis major

Er gehört zu den ventralen Schultermuskeln.

	Ursprung	Ansatz	Funktion	Nerv	Gefäße
Pars clavicularis	- Mediale Hälfte der **Klavikula**	**Crista tuberculi majoris humeri**	- **Innenrotation** - **Adduktion** - **Anteversion** - Atemhilfsmuskel (bei aufgestützten Armen)	- **N. pectoralis medialis** - **N. pectoralis lateralis**	- **A. thoracica superior** - **A. thoraco-acromialis** - **A. thoracica lateralis**
Pars sterno-costalis	- Manubrium sterni - **Corpus sterni** - Rippenknorpel 2-7				
Pars abdominis	- Vorderes Blatt der **Rektusscheide**		- **Senkung der Schulter**		

Tabelle 38: M. pectoralis major

6.3.5 A. thoracoacromialis

- Sie ist ein Ast der **A. axillaris** und zieht zur Region unterhalb der Klavikula.

6.3.6 Nn. pectorales

- Sie sind Äste der Pars supraclavicularis des **Plexus brachialis**.
- Sie dringen als **Nn. pectorales medialis** et **lateralis** von hinten in die Mm. pectorales major et minor ein und versorgen diese motorisch.

6.4 Vordere Bauchwand

6.4.1 M. obliquus internus abdominis

Er zählt zur vorderen, seitlichen Bauchmuskulatur

Ursprung	Ansatz	Funktion	Nerv	Gefäße
- laterale Hälfte des **Lig. inguinale** - **Spina iliaca anterior superior** - Linea intermedia **cristae iliacae** - tiefes Blatt der **Fascia thoracolumbalis**	- unterer Rand der 9. - 12. **Rippe** - **Rektusscheide** (vorderes und hinteres Blatt) - **Linea alba**	- Einseitig: **Drehung** zur selben Seite, Seitwärtsneigung der WS, Annähern von Becken und Thorax auf derselben Seite - Beidseitig: **Beugung** in der BWS/ LWS, Exspiration, Bauchpresse	- **Nn. spinales T8 - L1** - **N. iliohypogastricus** - **N ilioinguinalis** - **N. genitofemoralis**	- **A. musculophrenica** - **A. epigastrica superior**

Tabelle 39: M. obliquus internus abdominis

6.4.2 M. transversus abdominis

Er zählt zur vorderen, seitlichen Bauchmuskulatur

Ursprung	Ansatz	Funktion	Nerv	Gefäße
- Innenfläche der 6. - 12. **Rippe** - tiefes Blatt der **Fascia thoracolumbalis** - **Processus costarii** - **Spina iliaca** anterior superior - **Lig. inguinale**	- **Rektusscheide** (am hinteren Blatt oberhalb der Linea arcuata/ darunter am vorderen Blatt) - **Linea alba**	- Einziehen des Bauches - **Bauchpresse**	- **Nn. spinales T5 - T12** - **N. iliohypogastricus** - **N. ilioinguinalis** - **N. genitofemoralis**	- **A. musculophrenica** - **A. epigastrica superior** - **Aa. intercostales posteriores**

Tabelle 40: M. transversus abdominis

6.4.3 M. quadratus lumborum

Er zählt zur hinteren Bauchmuskulatur

Ursprung	Ansatz	Funktion	Nerv	Gefäße
Labium internum cristae iliacae	- 12. Rippe - Processus costalis L1 - L4	Seitwärtsneigung der LWS	- N. subcostalis (T12) - Plexus lumbalis (L1 - L3)	R. lumbalis der A. iliolumbalis

Tabelle 41: M. quadratus lumborum

6.4.4 Interkostale Leitungsbahnen

- Die Spalträume zwischen den Mm. intercostales internus et intimus bilden einen Leitungsbahnenkanal. Dieser liegt auf der **Unterseite der Rippen** im Sulcus costae und führt die **V. intercostalis,** die **A. intercostalis** und den **N. intercostalis**.

  - Die Einstichstelle bei Pleurapunktionen liegt daher immer am Oberrand der Rippen. (äußerst beliebte Frage in Prüfungen!)
- Aus der **A. intercostalis** zweigt sich im Leitungskanal ein schwacher **R. collateralis** ab und zieht zur Oberseite der nächsttieferen Rippe.

6.4.5 Rektusscheide

- Sie entsteht aus der Fascia transversalis und aus den Aponeurosen des **M. obliquus externus abdominis, M. obliquus internus abdominis** und **M. transversus abdominis**
- Die Rektusscheide (= Vagina m. recti abdominis) umgibt den **M. rectus abdomins** mit der Lamina anterior und einer Lamina posterior.

6.4.6 Linea arcuata

- Sie wird vom kaudalen Rand des hinteren Blattes der **Internusaponeurose** gebildet.
- Sie verläuft bogenförmig etwa in der Mitte zwischen Bauchnabel und Symphyse.

6.5 Regio femoris anterior

6.5.1 M. sartorius

Er gehört zwar zu der vorderen Muskelgruppe (= Extensoren) am Oberschenkel, beugt aber trotzdem als einziger Muskel dieser Gruppe im Kniegelenk.

Ursprung	Ansatz	Funktion	Nerv	Gefäße
Spina iliaca anterior superior	- **Pes anserinus** (superficialis) - Condylus medialis tibiae - Proximaler Teil der medialen Tibiafläche	- Knie: **Flexion** und Innenrotation - Hüfte: **Flexion**, Außenrotation, Abduktion	**N. femoralis**	**A. femoralis**

Tabelle 42: M. sartorius

6.5.2 M. adductor longus

Er gehört zur Adduktorengruppe am Oberschenkel.

Ursprung	Ansatz	Funktion	Nerv	Gefäße
- **Corpus ossis pubis** - **Symphysis pubica**	Labium mediale der **Linea aspera** (mittleres Femurdrittel)	- **Adduktion** - **Außenrotation** - Flexion und Innenrotation (je nach Stellung)	**N. obturatorius**	- R. ascendens der **A. circumflexa femoris medialis** - **A. obturatoria**

Tabelle 43: M. adductor longus

6.5.3 Trigonum femorale

- Es wird begrenzt von: **Lig. inguinale, M. sartorius** und **M. adductor longus**.
- In seinem proximalen Abschnitt liegt die Fossa iliopectinea mit der **A.** und **V. femoralis** und dem **N. femoralis**.

6.5.4 Arcus iliopectineus

- Er steht mit dem Unterrand des Lig. inguinalis in Verbindung.
- Er zieht vom Leistenband zur Eminentia iliopubica und trennt die laterale **Lacuna musculorum** von der medial gelegenen **Lacuna vasorum** mit der A. und V. femoralis.

6.6 Regio cruris anterior und Dorsum pedis

6.6.1 Übersicht zu den Extensoren am Unterschenkel

	Ursprung	Ansatz	Funktion	Nerv	Gefäße
M. tibialis anterior	- **Condylus lateralis tibiae** - **Facies lateralis tibiae** - Membrana interossea cruris - Fascia cruris	- Mediale und plantare Fläche des **Os cuneiforme mediale** - **Basis ossis metatarsalis I**	- **Dorsalflexion** - **Supination** - Hebt den medialen Fußrand - geringe Pronationswirkung	**N. fibularis profundus**	Rr. musculares der **A. tibialis anterior**
M. extensor digitorum longus	- **Condylus lateralis tibiae** - **Margo anterior fibulae** - Membrana interossea cruris - Fascia cruris	- **Dorsalaponeurose** der Phalanx II-V	- Oberes Sprunggelenk, Grund- und Endgelenk der Zehen II-V: **Dorsalflexion** - Pronation		
M. extensor hallucis longus	- **Facies medialis fibulae** - Membrana interossea cruris	- Dorsale Basis der **Phalanx distalis hallucis**	- Oberes Sprunggelenk, Grund- und Endgelenk der Großzehe: **Dorsalflexion**		
M. peronaeus tertius	- **Margo anterior fibulae**	- **Basis ossis metatarsalis V**	- **Dorsalflexion** - **Pronation** - Hebt den lateralen Fußrand		

Tabelle 44: Extensoren (= vordere Muskelgruppe) des Unterschenkels

7 7. Tag

7.1 Brustwand, Axilla, Oberarm

7.1.1 M. pectoralis minor

Er zählt zu den Muskel des Schultergürtels.

Ursprung	Ansatz	Funktion	Nerv	Gefäße
2. / 3. bis 5. **Rippe**	**Proc. coracoideus scapulae**	- Zieht die **Skapula nach vorne unten** - Atemhilfsmuskel bei aufgesetzten Armen	- **N. pectoralis medialis** - **N. pectoralis lateralis**	**A. thoracica** und A. thoracoacromialis (beides Äste der A. axillaris)

Tabelle 45: M. pectoralis minor

7.1.2 M. subclavius

Er gehört zur ventralen Rumpf-Schultergürtelmuskulatur.

Ursprung	Ansatz	Funktion	Nerv	Gefäße
Vordere Fläche der **1. Rippe**	**Extremitas acromialis** der Klavikula	- **Hält die Klavikula** im Sternoklavikulargelenk - Polstert die Vasa subclavia	**N. subclavius** (Plexus brachialis)	**A. thoracica suprema** (aus der A. axillaris)

Tabelle 46: M. subclavius

7.1.3 Pars infraclavicularis des Plexus brachialis

- Die Pars infraclavicularis erstreckt sich von der unteren Fläche der Klavikula bis zur Achselhöhle.
- Sie bildet drei starke Fasciculi:

Fasciculus	Hauptäste	Versorgt
Fasciculus medialis	- N. cutaneus brachii medialis - N. cutaneus antebrachii medialis - N. ulnaris - Radix medialis des N. medianus	Flexoren
Fasciculus lateralis	- N. musculocutaneus - Radix lateralis des N. medianus	
Fasciculus posterior	- N. axillaris - N. radialis	Extensoren

Tabelle 47: Fasciculi der Pars infraclavicularis des Plexus brachialis

7.1.4 N. musculocutaneus

- Er entstammt dem **Fasciculus lateralis**.
- Er durchbohrt den M. coracobrachialis.
- Seine Rr. musculares versorgen motorisch alle **Flexoren des Oberarms**.
- Sein Ast, der **N. cutaneus antebrachii lateralis**, zieht zwischen M. biceps brachii und M. brachialis nach distal bis zur radialen Unterarmgegend, die er sensibel versorgt.

7.1.5 N. medianus

- Er stammt aus **C6-T1**.
- Er wird von der Radix lateralis des Fasciculus lateralis und von der Radix medialis des Fasciculus medialis gebildet. Diese beiden Medianuszinken vereinigen sich vor der A. axillaris zur **Medianusgabel** (= Medianusschlinge). Dabei sind jedoch viele Variationen möglich.
- In seinem weiteren Verlauf zieht der N. medianus mit der **A. brachialis** am Septum intermusculare brachii mediale in der medialen Gefäß-Nerven-Straße entlang in die Ellenbeuge. In der Ellenbeuge zieht er unter der Aponeurosis m. bicipitis brachii zum Unterarm und durchbohrt den **M. pronator teres**, um zwischen den tiefen Flexoren medial der Sehne des M. flexor carpi radialis zur Hohlhand zu ziehen, die er durch den **Canalis carpi** unter dem Retinaculum flexorum erreicht.

7.1.6 N. cutaneus brachii medialis

- Er entstammt dem **Fasciculus medialis**.
- Er zieht mit den Vv. brachiales nach distal und durchbricht dann die Oberarmfaszie.
- Er versorgt **sensibel** die Haut an der **medialen Seite des Oberarms**.

7.1.7 N. cutaneus antebrachii medialis

- Er entstammt dem **Fasciculus medialis**.
- Er zieht mit der V. basilica zum Hiatus basilicus und spaltet sich dort.
  - Der **R. anterior** versorgt **sensibel** die **medialen Beuger-Seite des Unterarms**.
  - Der **R. ulnaris** versorgt **sensibel** die **ventral-ulnare Haut des Unterarms**.

7.1.8 N. ulnaris

- Der N. ulnaris entspringt aus dem **Fasciculus medialis**.
- Er verläuft an der medialen Seite des Oberarms im **Sulcus bicipitalis medialis** abwärts und durchbricht in der Mitte des Oberarms das **Septum intermusculare mediale**. Er zieht zur Streckerloge und verläuft dort im **Sulcus n. ulnaris** zur Unterseite des Epicondylus medialis und liegt dort dicht unter der Haut (Musikantenknochen).
- Er wechselt am Unterarm wieder zur Beugerseite und zieht bis zum Handgelenk.
- Er versorgt:
  - den **M. adductor pollicis**:

    - Klinisch wird über diesen Muskel die Funktion des N. ulnaris getestet. Wenn der M. adductor pollicis ausfällt, ist das Festhalten z.B. eines Blatt Papiers zwischen Daumen und Zeigefinger nur noch möglich, indem das Daumenendglied maximal gebeugt wird (diese maximale Beugung leistet der M. flexor pollicis longus, der vom N. medianus versorgt wird). Kann also das Blatt Papier nur durch die beschriebene Beugung festgehalten werden (= **Froment-Zeichen**), weil die Adduktion durch den M. adductor pollicis fehlt, so spricht dies für eine Ulnarisläsion.
  - den M. flexor carpi ulnaris und den ulnaren Teil des M. flexor digitorum profundus.
  - alle Hypothenarmuskeln und einige Thenarmuskeln.
  - die Mm. interossei und die Mm. lumbricales III + IV.
  - sensibel palmar die ulnaren 1 $^1/_2$ Finger.
  - sensibel dorsal die ulnaren 2 $^1/_2$ Finger.

7.1.9 Nn. intercostobrachiales

- Sie sind die Rr. cutanei laterales der ersten beiden Interkostalnerven (T2/T3).
- Sie ziehen durch die Achselhöhle und verbinden sich mit sensiblen Armnerven.
- Sie innervieren **sensibel** die Haut an der **Innenseite des Oberarms**.

7.1.10 Nodi lymphatici axillares

- Dies sind ca. 20-30 Lymphknoten im Fett der Achselhöhle entlang der großen Gefäße.
- Ihre ableitenden Lymphbahnen folgen der A. subclavia und vereinigen sich zum Truncus subclavius.

- Die axillären Lymphknoten sind in der Tumorchirurgie besonders wichtig, da sie regionäre Stationen der **Mamma** sind. Man unterscheidet in der Gynäkologie dabei drei Level (Clark-Level I-III). Der axilläre Lymphknotenbefall ist ein wichtiges Prognosekriterium beim Mamma-Karzinom.
- Bei jeder klinischen Aufnahmeuntersuchung sollten die axillären Lymphknoten getastet werden.

7.1.11 N. thoracicus longus

- Er stammt aus der **Pars supraclavicularis** des **Plexus brachialis**.
- Er durchbohrt den M. scalenus medius unterhalb des N. dorsalis scapulae.
- Er läuft entlang der Linea axillaris medius auf dem **M. serratus anterior** nach distal und versorgt diesen.

7.1.12 A. subscapularis

- Sie ist ein Ast der **A. axillaris**.
- Sie spaltet sich in
  - **A. thoracodorsalis**: Versorgt M. latissimus dorsi, M. teres major, M. serratus anterior. Sie liegt dorsal des N. thoracicus longus.
  - **A. circumflexa scapulae**: Zieht durch die mediale Achsellücke zur Fossa infraspinata und anastomosiert mit der A. suprascapularis.

7.1.13 Aa. circumflexae humeri posterior et anterior

- Beide sind Äste der **A. axillaris**.
- **A. circumflexa anterior humeri**: Zieht um das Collum chirurgicum zum Schultergelenk und zum M. deltoideus.
- **A. circumflexa posterior humeri**: Wird von den Vv. circumflexae posteriores humeri und dem N. axillaris begleitet. Sie zieht durch die laterale Achsellücke und versorgt den M. deltoideus, das Caput longum des M. triceps brachii und die Gelenkkapsel der Schulter.

7.1.14 Interkostalmuskulatur

Die Interkostalmuskulatur zählt zur Muskulatur der Rumpfwand.

	Ursprung	**Ansatz**	**Funktion**	**Nerv**	**Gefäße**
Mm. intercostales externi	**Crista costae**	Oberer Rand der **nächsttieferen Rippe**	- **Verspannen** der Interkostalräume - **Inspiration**	Rr. anteriores der **thorakalen Spinalnerven**	Rr. intercostales anteriores der **A. thoracica interna**
Mm. intercostales interni	Oberer Rand der **Rippen**	Unterer Rand der **nächsthöheren Rippe**	- **Verspannen** der Interkostalräume - **Exspiration**		
Mm. intercostales intimi		Innenseite des Unterrandes der **nächsthöheren Rippe**	- **Verspannen** der Interkostalräume		

Tabelle 48: Interkostalmuskulatur

7.1.15 A. thoracica interna

- Die A. thoracica interna heißt auch **A. mammaria interna** (klinische Abkürzung: **IMA**).
- Sie ist ein wichtiges Stammgefäß für die Versorgung der **vorderen Brust-** und **Bauchwand**. Sie entspringt der konkaven Seite der **A. subclavia** und verläuft zunächst hinter der V. subclavia und der Klavikula. Von dort zieht sie auf die dorsale Fläche der Rippenknorpel und Interkostalmuskeln.
- Bis zur 3. Rippe liegt sie unter der **Pleura costalis** und der **Fascia endothoracica**, unterhalb der 4. Rippe liegt sie unter dem **M. transversus thoracicus**.

- In der Herzchirurgie wird die IMA als Bypass (= Umgehung eines Gefäßverschlusses) eingesetzt: Sie wird entnommen und dann vor und hinter dem verschlossenen Abschnitt der betreffenden Koronararterie mit dieser anastomosiert, wodurch der Bluﬂuß hinter dem Koronararterienverschluß wieder ermöglicht wird.
- Hinweis: Alternativ zur IMA können zur Schaffung eines Bypasses auch andere Arterien (z.B. A. radialis), Beinvenen (z.B. V. saphena magna) oder künstliche Gefäßprothesen zum Einsatz kommen.

7.2 Vordere Bauchwand

7.2.1 M. rectus abdominis

Er zählt zur vorderen Bauchmuskulatur.

Ursprung	Ansatz	Funktion	Nerv	Gefäße
- Vorderfläche des 5. - 7. **Rippenknorpels** - **Proc. xiphoideus** - **Ligg. costoxiphoidea**	- **Symphysis pubica** - **Ramus superior ossis pubis**	- **Vorwärtsbeugen** des Rumpfes - Heben des vorderen Beckenrandes (bei fixiertem Oberkörper)	**Spinal-nerven T7-T12**	**Aa. epigastricae superior et inferior**

Tabelle 49: M. rectus abdominis

7.2.2 A. epigastrica superior

- Sie ist ein **Endast** der **A. thoracica interna** und versorgt die vordere Bauchwand.
- Sie verläßt den Brustraum in Höhe des 6. und 7. Rippenknorpels durch eine Lücke in der Pars costalis des Zwerchfells in der Nähe des Trigonum sternocostale.
- Unter dem M. transversus thoracis verläuft sie in der Rektusscheide auf der Rückseite des M. rectus abdominis.
- Sie bildet eine Anastomose mit der **A. epigastrica inferior.**

7.2.3 A. epigastrica inferior

- Sie entspringt aus der **A. iliaca externa** und versorgt die Bauchwand.
- Sie verläuft auf dem Lig. interfoveolare, durchbricht dann die Rektusscheide und zieht auf der Rückseite des M. rectus abdominis nach oben.
- Ihre wichtigsten Äste sind:
    - **R. pubicus**: zum Os pubis, gibt den **R. obturatorius** ab, der mit dem R. pubicus aus der A. obturatoria anastomosiert. Bei starker Ausprägung oder abnormem Ursprungs der A. obturatoria kann eine sog. **Corona mortis** vorliegen.
    - Beim Mann: **A. cremasterica** zum Samenstrang (im Funiculus spermaticus).
    - Bei der Frau: **A. ligamenti teretis uteri**.

7.2.4 M. pyramidalis

Er ist ein inkonstanter Bauchmuskel.

Ursprung	Ansatz	Funktion	Nerv	Gefäße
- **Ramus superior ossis pubis** - **Symphysis pubica**	**Linea alba**	Spannt die Linea alba	**Spinalnerv T12**	**A. epigastrica superior**

Tabelle 50: M. pyramidalis

7.2.5 Canalis inguinalis

- Der Canalis inguinalis (= Leistenkanal) ist ca. 4-6 cm lang und zeigt zwei Öffnungen:
  - **Anulus inguinalis profundus** (= innerer Leistenring)
  - **Anulus inguinalis superficialis** (= äußerer Leistenring)
- Seine Begrenzungen bilden:

oben	Das Dach bilden die unteren Ränder des M. obliquus internus abdominis und M. transversus abdominis.
unten	Den Boden bilden das Lig. inguinale und medial das Lig. reflexum.
ventral	Die vordere Wand bilden die Externusaponeurose und die Fibrae intercrurales.
dorsal	Die hintere Wand bilden das Peritoneum parietale, die Fascia transversalis, medial das Lig. reflexum, das Lig. interfoveolare und die Plica umbilicalis lateralis.

- Im Leistenkanal verlaufen:
  - **Funiculus spermaticus**
  - **N. ilioinguinalis**: versorgt die Skrotalhaut oder die Labia majora, den Mons pubis und einen Teil der Oberschenkelhaut.
  - **R. genitalis** des **N. genitofemoralis**: versorgt motorisch den M. cremaster, sensibel die Skrotalhaut oder die Labia majora.

7.2.6 Übersicht über die Bauchwandhernien

	laterale (indirekte) Leistenhernie		**mediale (direkte) Leistenhernie**	**Schenkelhernie** (bei typischer Lage)
	angeboren	erworben		
Ausgangsstelle	Fossa inguinalis lateralis		Fossa inguinalis medialis	Medial der V. femoris
Bruchkanal	**Leistenkanal**		**Bauchwand**	Schenkelkanal
Bruchpforte	**Anulus inguinalis profundus**		**Fossa inguinalis medialis**	Anulus femoralis (Schenkelring)
Austrittsstelle	Anulus inguinalis superficialis oberhalb des Lig. inguinale			unterhalb des Lig. inguinale
Bruchsack	Offener Processus vaginalis peritonei	Peritoneal-ausstülpung	Peritoneum und Fascia transversalis	Peritoneum und Fascia lata
Beziehung zu Leitungsbahnen	**Lateral der Vasa epigastrica inferiora**		**Medial der Vasa epigastrica inferiora**	Medial von der A. femoralis
Lage des Bruchsacks im Endstadium	Im Skrotum (innerhalb des Processus vaginalis peritonei)	Im Skrotum (innerhalb der Fascia spermatica interna)	Vor dem äußeren Leistenring (außerhalb der Fascia spermatica interna)	Im subkutanen Fettgewebe (vor dem Hiatus saphenus)

Tabelle 51: Übersicht über die Bauchwandhernien

8 Embryologische Kenntnisse für das 1. Testat

Übersicht der Inhalte des 1. Testates

- Entwicklung der Wirbelsäule
- Entwicklung der epaxialen und hypaxialen Muskulatur
- Entwicklung der Spinalnerven
- Entwicklung von Brust- und Bauchwand
- Nabelentwicklung
- Deszensus testis
- Entwicklung der Haut

8.1 Einführung und Grundlagen

8.1.1 Frühentwicklung

Nach Befruchtung und Teilung der Eizelle entsteht über ein Vielzellstadium, die Morula („Maulbeere") und durch weitere Zellteilungen die Blastozyste. Diese gliedert sich in einen außen gelegenen Trophoblast und einen innen gelegenen Embryoblast. Aus letzterem wird die *zweiblättrige Keimscheibe* gebildet, bestehend aus:

- Epiblast
- Hypoblast

8.1.2 Gastrulation

Während der Gastrulation entsteht die dreiblättrige Keimscheibe aus dem *Epiblast* und bildet folgende Keimblätter:

- *Ektoderm* (äußeres Keimblatt)
- *Mesoderm* (mittleres Keimblatt)
- *Entoderm* (inneres Keimblatt)

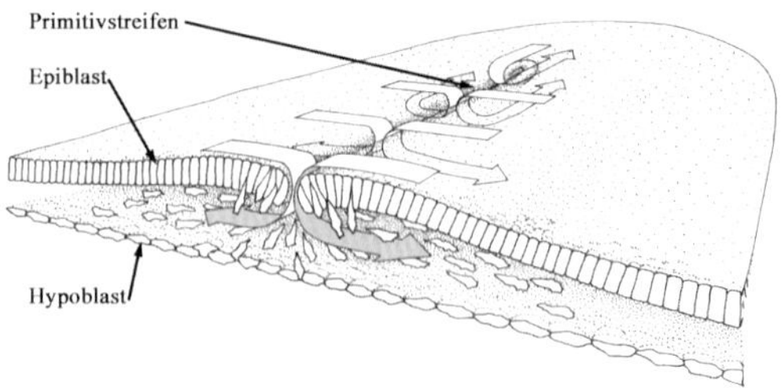

Abbildung 3: Gastrulation

Der *Hypoblast* liefert keine Zellen für weitere embryonale Gewebe, ist jedoch an Induktionsprozessen beteiligt.

Der *Primitivstreifen* (siehe Abb) stellt eine longitudinale Verdickung im Epiblasten dar, die sich zur *Primitivrinne* vertieft. Am vorderen Ende entsteht der sog. *Primitivknoten* (Hensen-Knoten), worin sich die *Primitivgrube* absenkt.

→ Festlegung der kranio-kaudalen Achse

Begriffserklärung: Epithelio-mesenchymale Transformation

Auflösung eines *epithelialen* Zellverbandes (z.B. Epiblasten im Primitivknoten) oder Ablösung von Zellen aus einem Verband (Deepithelialisierung), um den Zellen z.B. eine Auswanderung zu ermöglichen. Also von Epithel → zu lockerem *Mesenchym*
cave: Epithel / Mesenchym beschreibt die ANORDNUNG von Zellen. Die Begriffe Ektoderm / Mesoderm / Entoderm beziehen sich auf den URSPRUNG. Gewebe verschiedenen Ursprungs kommt in verschiedenen Anordnungen vor. Nicht verwechseln!

Im Primitivknoten lösen sich Zellen (epithelio-mesenchymale Transformation, siehe Kasten), wandern in verschiedene Richtungen aus und bilden:

- Kopffortsatz (axiales Mesoderm)
  - prächordales Mesoderm: der am meisten kranial gelegene Abschnitt davon
  - *Chorda dorsalis* (Notochord) – Fortsetzung des Kopffortsatzes nach kaudal
    - beteiligt an Bildung der Bandscheiben und Wirbelkörper
- Teile des paraxialen Mesoderms
- Entoderm

Aus einem Bereich hinter dem Primitivknoten entstehen (in dieser Reihenfolge):

- paraxiales Mesoderm
- intermediäres Mesoderm
- Seitenplattenmesoderm

Begriffserklärung: Bukkopharyngealmembran = Rachenmembran = Prächordalplatte

Ein kranial des Kopffortsatzes gelegenes Areal, in dem Entoderm und Ektoderm direkt aufeinander liegen. Erst später geht aus dem Entodermanteil Mesoderm für den Kopfbereich hervor.
Nach Rückbildung der Bukkopharyngealmembran in der 4. Woche entsteht eine Verbindung zwischen Kopfdarm und Amnionhöhle.

8.1.3 Neurulation

Das axiale Mesoderm (Chorda dorsalis) induziert aufliegendes Ektoderm, welches dann *Neuroektoderm* genannt wird und folgende Strukturen (siehe Abbildung) ausbildet:

- Neuralplatte
- Neuralrinne (Vertiefung der Neuralplatte)
- Neuralfalten (durch Aufstülpung)
- Neuralrohr (Verschluss der Neuralfalten)

Das Neuralrohr wird vom Oberflächenektoderm abgegrenzt und bildet später
→ Gehirn und Rückenmark,
wobei das Lumen des Neuralrohres kaudal den Zentralkanal und kranial die Ventrikel darstellt. Im Abschnitt zwischen Obeflächenektoderm und Neuralrohr befinden sich die Neuralleistenzellen.

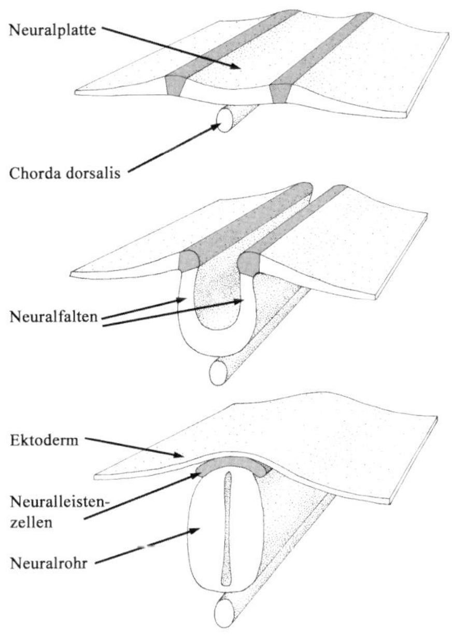

Abbildung 4: Neurulation

Begriffserklärung: Neuralleiste

- Die Neuralleistenzellen entstammen einem Bereich zwischen Neuralplatte und Oberflächenektoderm (dunkle Areale in Abbildung 4)
- Während der Neurulation liegen sie als paarige Anlage in den Kanten der Neuralfalten.
- Nach Verschluss der Neuralfalten zum Neuralrohr → unpaare Neuralleiste
- Die Auswanderung der Neuralleistenzellen wird erst durch epithelial-mesenchymale Transformation möglich. Die Zellen gelangen über drei Wanderungswege zu ihren Zielregionen:

a) ventraler Weg: zwischen Neuralrohr und Somiten
   - sympathische Ganglien, Nebennierenmark, intramurale Nerven- und Schwannzellen

b) kraniale Somitenhälfte
   - Spinalganglienzellen, Satellitenzellen

c) dorsaler Weg: zwischen Oberflächen-ektoderm und Somiten
   - Melanoblasten, Merkel-Zellen

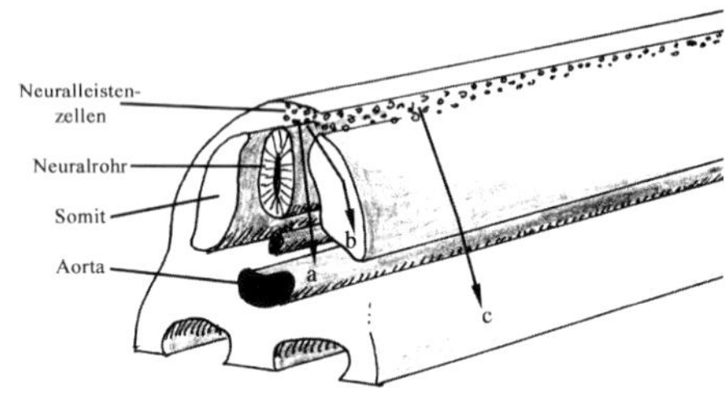

Abbildung 5: Wanderungswege der Neuralleistenzellen

Weitere Derivate der Neuralleistenzellen

Glomus aorticum, caroticum; C-Zellen, Schädelknochen, Dermis, Odontoblasten, Gefäßmuskulatur, Stroma der Kornea, des Thymus, der Epithelkörperchen, der Schilddrüse, der Speicheldrüsen

8.1.4 Gliederung des Mesoderms

1. **axiales Mesoderm**
2. **paraxiales Mesoderm**
3. **intermediäres Mesoderm**
4. **Seitenplattenmesoderm**

Allgemein wird unterschieden zwischen

- *primärem Mesoderm*, das während der Gastrulation entsteht und meist epithelialisiert ist und
- *sekundärem Mesoderm*, welches aus dem primären Mesoderm hervorgegangen ist, sich wieder mesenchymal anordnet und in unterschiedliche Gewebe differenziert.

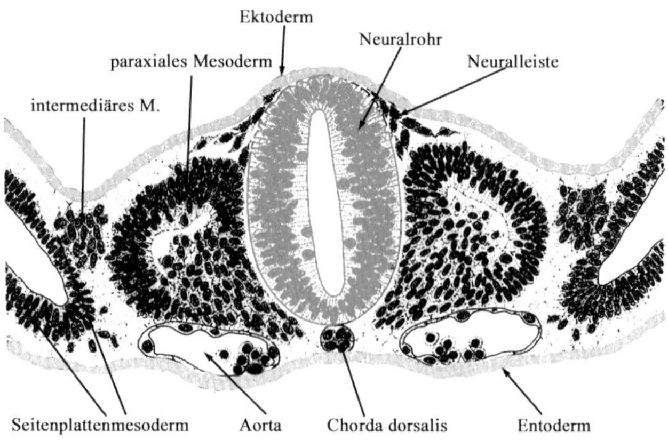

Abbildung 6: Gliederung des Mesoderms

Axiales Mesoderm

- prächordaler Abschnitt (z.B.: Augenmuskeln)
- Kopffortsatz (Chorda dorsalis)

Paraxiales Mesoderm

Das paraxiale Mesoderm wird kranio-kaudal in folgende Abschnitte unterteilt:

- *präotischer Abschnitt*, kranial, keine Epithelialisierung (= keine Somiten)
  ←→ Ohrplakode (ektodermale Anlage des Innenohrs)
- *postotischer Abschnitt*, kaudal, Segmentierung – Somitenbildung

Blastem: von griech. blastema – Keim
Undifferenziertes Gewebe, aus dem durch Proliferation und Induktion differenzierte Strukturen hervorgehen.

Begriffserklärung: Metamerie

Definition: Gliederung embryonaler Strukturen in aufeinander folgende Abschnitte.
Beispiele:

- Metameriemuster der Somiten, die in gleichem Aufbau hintereinander folgend gebildet werden und so zur segmentalen Anordnung der Körperwand beitragen.
- metamere Innervation der Haut

Intermediäres Mesoderm

- Das intermediäre Mesoderm liegt zwischen dem paraxialen- und Seitenplattenmesoderm und weist keine segmentale Gliederung auf!
- Auf Höhe des 9. – 13. Somiten bildet sich ein mesenchymales Blastem, welches nach Epithelialisierung ein Lumen erhält und nach kaudal Anschluss an die Kloake findet.
- In kranio-kaudaler Abfolge formen sich Vorniere, Urniere und Nachniere. Einige Teile persistieren nur während der Embryonalentwicklung.

Seitenplattenmesoderm

Das Seitenplattenmesoderm besteht aus zwei epithelialen Blättern:

a) somatisches Mesoderm = *Somatopleura*
- Serosaepithel: parietale Anteile von Pleura, Peritoneum, Perikard
- somatisches Mesenchym
- Derivate: ventrolaterale Körperwand (Sternum, Extremitätenskelett; nicht jedoch: Rippen und Muskeln)

←→ intraembryonales Zölom (Pleura-, Peritoneal-, Perikardhöhle)

b) viszerales Mesoderm = *Splanchnopleura*
- Serosaepithel: viszerale Anteile von Pleura, Peritoneum, Epikard (fraglich)
- glatte Muskulatur und Bindegewebe
- Derivate: Herz, Teile der Darmwand, Bindegewebe der Lungen

Durch epithelio-mesenchymale Transformation wird aus den epithelialen Blättern mesenchymales Gewebe, mit einer Ausnahme: das einschichtige Serosaepithel zur Auskleidung des Zöloms

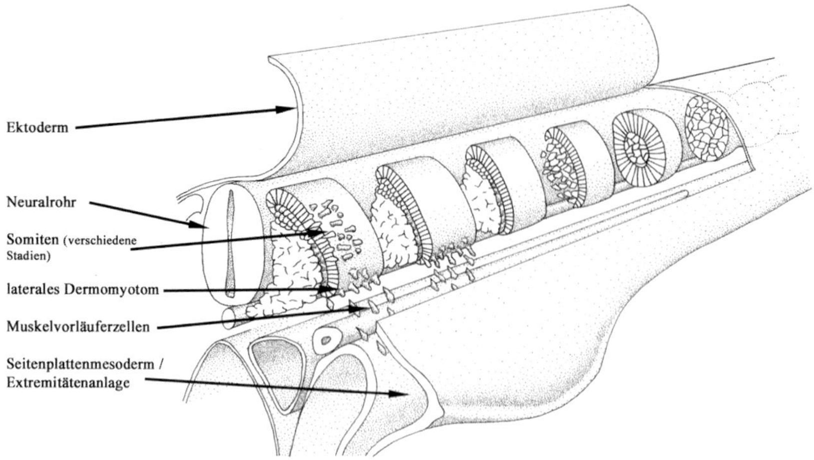

Abbildung 7: *Somitenentwicklung und Auswanderung von Muskelvorläuferzellen*

8.1.5 Somiten

Somiten sind metamer gegliederte Strukturen aus dem postotischen (kaudalen) paraxialen Mesoderm:

- 5 okzipitale
- 7 zervikale
- 12 thorakale
- 5 lumbale
- 5 sakrale
- 8-10 kokzygeale Somiten

Unterteilung der Somiten

1. **Dermomyotom** (dorsal - epithelial)
    a. Dermotom
    b. Myotom
2. **Sklerotom** (ventral - mesenchymal)
    a. kranial
        - nur hier wandern Neuralleistenzellen ein und bilden sich Nervenfortsätze (Neuralrohr) aus
        - daher: segmentale Anordnung der Spinalganglien und Spinalnerven
    b. kaudal (auch Somitozoel)
    c. medial
        - Einwanderung von Sklerotomzellen um die *Chorda dorsalis*
        - bilden: Wirbelkörper, Bandscheiben
    d. lateral
        - hieraus entstehen: Rippen, Wirbelbögen, Bogenwurzeln

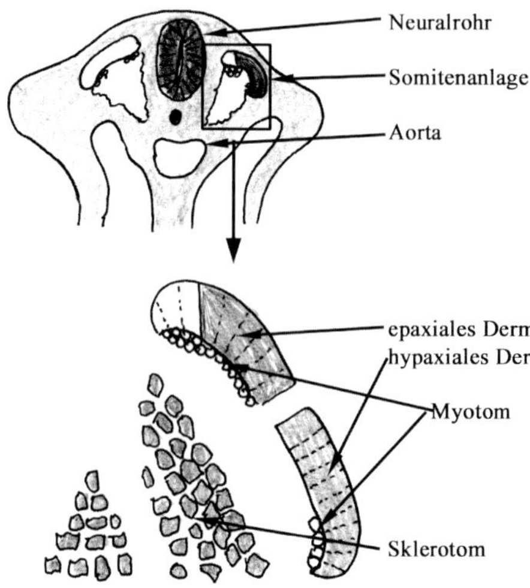

Abbildung 8: *Somitenkompartimente*

Wirbelbögen (dorsal), Rippen (ventral) und Bogenwurzeln (medial) werden gebildet aus:

- dem lateralen Abschnitt eines kranialen Sklerotomanteils eines Somiten
  und
- dem kaudalen Sklerotomanteil des nächst höher gelegenen Somiten

Auch die Wirbelkörper gehen aus zwei Somiten hervor (siehe Abbildung):

- der kraniale Abschnitt aus dem kaudalen Anteil des nächst höher gelegenen Somiten
  und
- der kaudale Abschnitt aus dem kranialen Anteil des nächst tiefer gelegenen Somiten

Die Chorda dorsalis wird segmental gegliedert. Verdichtungen im Discusbereich bilden ein Chordasegment, welches als ‚Platzhalter' für den Nucl. pulposus dient. Die Chordazellen im Bereich der Wirbelkörper gehen unter.
cave: Bandscheiben und Wirbelkörper entstammen dem Sklerotom!

Somitozoel: Ein Hohlraum im Somiten mit mesenchymal angeordneten Zellen, der von epithelialisierten Zellen umgeben ist.

Rippen

Die Rippen entstammen den lateralen Sklerotomabschnitten und wachsen in das somatische Mesenchym der Brustwand ein. An der Bildung *einer* Rippe sind *zwei* Somiten beteiligt.
Aus einem Somiten geht die Interkostalmuskulatur zwischen zwei benachbarten Rippen hervor.

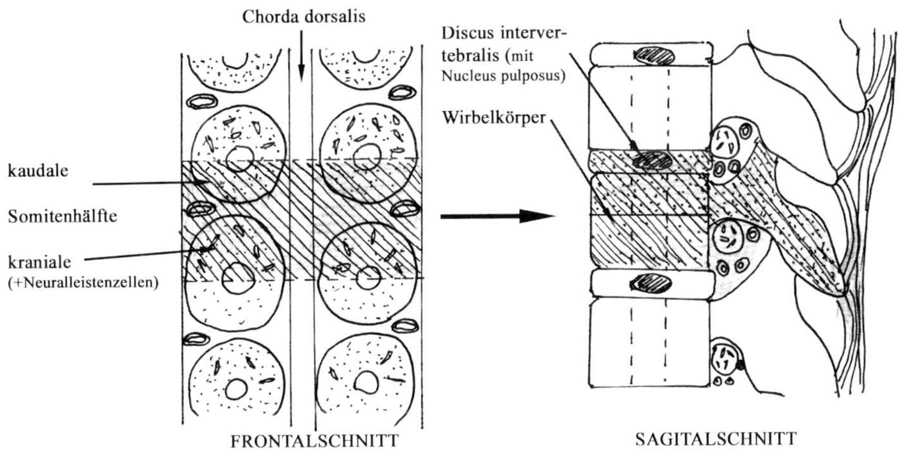

Abbildung 9: *Wirbelsäulenentwicklung*

Zervikookzipitale Somiten

Die kranialen 4 ½ Sklerotome fusionieren zum Os basioccipitale
5. Somit - kraniale Hälfte: Os basioccipitale
5. Somit - kaudale Hälfte: Proatlas (Spitze des Dens axis)
6. Somit - kraniale Hälfte: Proatlas
6. Somit – kaudale Hälfte: Dens axis + Atlas (mit kranialer Hälfte des 7. Somiten)

Zervikookzipitale Somiten sind auch beteiligt an der Bildung der kurzen Nackenmuskulatur, Zungen-, infrahyalen Muskulatur, Kehlkopfmuskulatur.

Bursa pharyngea: Einsenkung des Rachenepithels als Folge der Interaktion mit Chorda dorsalis – Zellen

Anmerkungen zur Wirbelsäulenbildung

- *Resegmentierung:* die Grenzen der Wirbelkörper in bezug auf die Somiten sind um ein halbes Segment verschoben
- Die Wirbelsäule ist paarig angelegt. Unvollständige Fusion der paarigen Anlagen führt zu Spaltbildungen wie Spina bifida.
- enchondrale Osteogenese der Wirbelkörper, 12. Wo. an BWS/LWS – Grenze
- perichondrale und enchondrale Osteogenese der Wirbelbögen
- Die Strukturen, die aus einem Somiten hervorgehen, bilden ein *Bewegungssegment* (zwei angrenzende Wirbel mit dazwischen liegenden Strukturen)

Fehlbildungen der Wirbelsäule

- Blockwirbel: Verschmelzung von zwei Somiten
- Skoliosen: einseitige Verschmelzung von Somiten
- Spina bifida: kein Verschluss der Wirbelbögen, meistens lumbosakral
- Lumbalisation des 1. Sakralwirbels / Sakralisation des 5. LW: Folge homöotischer Transformationen; Hox- Code...

Begriffserklärung: Mesektoderm

Ein mesenchymaler Zellverband aus Neuralleistenzellen im Kopfbereich. Hieraus erfolgt Differenzierung in verschiedene Gewebsarten, z. B. Gliazellen.

Unterteilung des Dermomyotoms

Das Dermomyotom ist dorsal des Myotoms gelegen, entlässt weiterhin Myoblasten (und ist also nicht nur für „Haut" zuständig!). Das Myotom entsteht von dorsomedial nach ventrolateral unter dem Dermomyotom. Es enthält primär teilungsunfähige, terminal differenzierte Myoblasten (später auch proliferationsfähige Myoblasten)

<u>I. epaxiale Muskulatur → autochthone Rückenmuskulatur</u>

Die epaxiale Muskulatur ist primär segmental gegliedert. Nach Fusion der Myoblasten verbinden sich die Blasteme zu segmentübergreifenden Muskeln (z.B.: Mm. iliocostalis, M. longissimus dorsi). In der tiefsten Schicht der Rückenmuskulatur bleibt die segmentale Anordnung erhalten.

<u>II. mittlerer Anteil des Dermomyotoms</u>

verliert seine epitheliale Struktur und bildet die → Subkutis + Dermis des Rückens

<u>III. hypaxiale Muskulatur</u>

- in Höhe der Arm-/ Beinanlagen
    - hier gibt es <u>keine</u> hypaxialen Myotome! Aus den lateralen Lippen der Dermomyotome lösen sich undifferenzierte Muskelvorläuferzellen aus dem epithelialen Zellverband des Dermomyotoms (epithelio-mesenchymale Transformation) und wandern in die *Extremitäten* (ähnlich wie auch Zunge, Zwerchfell) ein, wo sie weiter proliferieren und sich schließlich differenzieren.
- Zwischen den Extremitäten (~Thorax)
    - Ausbildung einer zweischichtigen epithelialen Knospe:
        - Dermomyotom (undifferenzierte Zellen)
        - Myotom (differenzierte Zellen)
            - Einwachsen der Knospe in die laterale Körperwand, Anlage der *Interkostal- / Bauchmuskulatur* (enthält auch Dermomyotomzellen)

8.2 <u>Spezielle Entwicklung</u>

8.2.1 Entwicklung der Brustwand

Rippen, Interkostalmuskeln sind Somitenderivate.
Das Sternum wird als paarige Sternalleisten angelegt, die verschmelzen (aus Mesenchym, Seitenplattenmesoderm).
Die frühe Brustwand zeigt einen dorsoventralen Differenzierungsgradienten.

8.2.2 Entwicklung der Bauchwand

- Die Somatopleura (Seitenplattenmesoderm) liefert lockeres Mesenchym, aus dem (intramuskuläres) Bindegewebe, Aponeurosen und Faszien hervorgehen.
- Die Muskulatur der Bauchwand entsteht durch Auswachsen der lateralen Dermomyotomknospen (kaudale Thoraxsomiten). Undifferenzierte Dermatom- und differenzierte Myotomzellen wachsen in das lockere Mesenchym ein. Auflösung des epithelialen Verbandes und Vermischung mit Mesenchym führt zur Bildung segmentübergreifender Muskeln wie z. B.:
    - M. rectus abdominis, M. obliquus internus abdominis, M. transversus abdominis
- Während der Entwicklung kommt es zu einer relativen Verkleinerung des Nabels.

8.2.3 Geschlechtsanlagen / Nabel

Ursprung der Geschlechtsanlagen

Wolff-Gang (intermediäres Mesoderm, Urniere) → Ductus deferens
Müller Gang (aus Zölomepithel)
Tubuli der Niere (Mesonephros) → Ductuli efferentes

Deszensus testis

- Die Hodenanlage entwickelt sich in Höhe des ersten Lumbalwirbels aus der Genitalleiste, welche mit Peritoneum überzogen ist.
- Von dort steigen die Hoden in einer ersten Phase (**transabdominaler Descensus**; ab dem 3. Monat) in das kleine Becken ab.
- Mit dem **transinguinalen Descensus** (2. Phase) passieren sie den Leistenkanal und gelangen in den Hodensack (= Skrotum).
- Bei dieser Wanderung werden die Hoden von einem Leitband, dem **Gubernaculum testis** (= **Keimdrüsenband**), geführt. Dieses entstammt dem kaudalen Teil des Urnieren-Körpers. Es zieht durch die Bauchwand bis in die spätere Skrotalhöhle. Am Gubernaculum testis entlang schiebt sich zunächst durch den primitiven Leistenkanal der **Processus vaginalis peritonei** bis in die Skrotalanlagen. Der Processus vaginalis liegt dabei ventral des Gubernaculum testis. Erst ab dem 7. Monat treten dann auch die Hoden durch den Leistenkanal, jedoch außerhalb des Processus vaginalis. Dabei nehmen sie Samenleiter, Blutgefäße, Muskulatur (M. cremaster) und Faszien mit.
- Gesteuert wird der Descensus testis **hormonell** (u.a. testosteronabhängig) und durch das **Gubernaculum testis**. Möglicherweise ist auch Choriongonadotropin (HCG) an der Regulation beteiligt.

- In der Entwicklung der Hodenanlage werden die versorgenden Blut- und Lymphgefäße „mitgenommen". Dies führt dazu, dass die Lymphe aus dem Hoden zunächst in die paraaortalen Lymphknoten drainiert wird (und nicht in die Leistenlymphknoten !). Dies ist nicht nur eine beliebte Prüfungsfrage, sondern v.a. für die lymphogene Metastasierung des Hoden-Karzinoms von Interesse.

Deszensus ovarii

- Auch hier wandert das Ovar in einer ersten Phase nach kaudal ins kleine Becken (**transabdominaler Descensus**). Das **Gubernaculum ovarii** zieht durch den Leistenkanal und endet im Labium majus. Es wird später zum **Lig. suspensorium ovarii** (kranialer Anteil) und zum **Lig. teres uteri** (kaudaler Anteil).

Nabel

Im Nabelring, der Verbindung zwischen Embryo und Chorionplatte, verlaufen folgende Strukturen:

- der Haftstil mit
  - zwei Nabelarterien (aus den dorsalen Aorten)
  - eine Nabelvene (die andere wurde zurückgebildet)
  - Allantois
- Dottergang mit Vasa omphalomesenterica
- Verbindung der intra- und extraembryonalen Zoelomhöhle

physiologischer Nabelbruch: temporäre Auslagerung des Darmrohrs durch den Nabelring in den Nabelstrang zwischen der 5. und 10. Entwicklungswoche

Fehlbildungen der Bauchwand

- *Gastroschisis:* angeborener Bauchwanddefekt mit prolabierenden, strangulierenden und ödematösen Darmschlingen, auch Magen u. a.
- *Omphalozele* (Nabelschnurbruch): hervortretende Organe sind von Peritoneum und Amnionepithel bedeckt (nicht von Haut)
- Letalität bei beiden ca. 30%!

8.2.4 Hautentwicklung

Epidermis

- entsteht aus Ektoderm
- Ausbildung von 3 Schichten
  1. basale (germinative): Proliferation
  2. intermediäre: Differenzierung zu Keratinozyten
  3. peridermale: geht verloren
- Einwanderung von Melanoblasten (aus der Neuralleiste), Langerhans-Zellen (aus dem Knochenmark, SALT: skin associated lymphatic tissue) und Merkel Zellen

Herkunft der Dermis

Rücken: Dermomyotome
Bauchwand, Extremitäten: Somatopleura (Seitenplattenmesoderm)
Gesicht, Hals: Mesektoderm – Neuralleiste
lockeres Bindegewebe – Fibroblasten, Verdichtung, Vaskularisierung, Innervation

8.2.5 Herkunft der Muskulatur

- (fast) alle Skelettmuskeln entstammen den Somiten (Ausnahme z.B. äußere Augenmuskulatur, mimische M.)
- Herzmuskel: Derivat der Splanchnopleura
- glatte Muskeln: können aus allen Keimblättern entstehen

9 1. Testat

9.1 Beispiele für mögliche Fragen

- Wie unterscheiden sich die autochthone und die sekundäre Rückenmuskulatur?
- Wie gliedert sich die autochthone Rückenmuskulatur?
- Wie wird der laterale, wie der mediale Strang der Rückenmuskulatur innerviert?
- Wie werden die kurzen Nackenmuskeln innerviert? Wie mit Blut versorgt?
- Was ist ein Atemhilfsmuskel? Welche Muskeln gehören zur Atemhilfsmuskulatur?
- Was ist die häufigste Ursache für eine Scapula alata? Wo setzt der dann gelähmte Muskel an und wie wird er innerviert?
- Was sind die Achsellücken? Welche Strukturen treten hindurch?
- Wie verläuft die A. vertebralis? Welche Strukturen versorgt sie?
- Welche Aufgaben hat die Fascia thoracolumbalis?
- Was ist der Alcock´sche Kanal? Welche Strukturen verlaufen hier?
- Wie ist der Leistenkanal im Detail aufgebaut?
- Was unterscheidet eine direkte und eine indirekte Hernie? Kann man dies von außen bei der Untersuchung des Patienten unterscheiden?
- Was ist der Descensus testis? Was passiert bei Frauen?
- Was ist ein Myotom?
- Aus welchen Anteilen entsteht ein Wirbelkörper? Wann beginnt seine Entwicklung?
- Wie und wann findet in der Entwicklung das Axon den Muskel, den es versorgt?
- Was ist der physiologische Nabelbruch?
- Was ist der Hiatus adductorius?
- Wie (in welchen Systemen) erfolgt der venöse Abfluß am Bein? Was sind Varizen?
- Welche Muskeln „wandern" in der Entwicklung? Wie wird diese Wanderung gesteuert?
- Was ist die Linea alba?
- Welche Muskeln helfen bei der Inspiration, welche bei der Exspiration mit? Welche sind immer beteiligt, welche werden nur bei erhöhter Atemarbeit eingesetzt? Wo setzen sie an und wie sind sie innerviert?
- Welche Strukturen verlaufen an einer Rippe wo? Wo sticht man daher für eine Pleurapunktion ein?
- Wie ist die Bauchwand aufgebaut? Was muss man bei einer Aszitespunktion beachten?
- Was ist das Caput medusae?
- Was versteht man unter der Corona mortis?
- Warum ist es wichtig, die Lymphabflußwege genau zu kennen? Wo liegt die erste Lymphknotenstation des Hodens?

Das Wichtigste: Strukturen müssen am Präparat **gezeigt** werden können!

10 9. Tag

10.1 Gesicht

10.1.1 A. carotis externa

- Sie zweigt innerhalb des Trigonum caroticum in Höhe des oberen Randes der Cartilago thyroidea aus der **A. carotis communis** ab.
- Sie zieht auf dem M. stylopharyngeus und unter dem Venter posterior des M. digastricus sowie unter dem M. stylohyoideus in die **Fossa retromandibularis**.
- Sie teilt sich in Höhe des Zungenbeins am vorderen Rand des M. sternocleidomastoideus in 8 Äste auf.
- Ihre Endäste sind die **A. maxillaris und A. temporalis**.
- Sie versorgt den größten Teil des **Schädels**, der **Kopfweichteile** und der **Dura mater**.

Gruppe	Ast	Name	Versorgungsgebiet
Vordere	1	**A. thyroidea superior** *Theo*	Larynx, M. sternocleidomastoideus, M. cricothyroideus
	2	**A. lingualis** *Lingen*	Zunge
	3	**A. facialis** *fabriziert*	Suprahyale Muskeln, Gl. palatina, Gl. submandibularis, Lippen, Gesichtshaut
Mediale	4	**A. pharyngea ascendens** *phantastische*	Pharynxmuskulatur, Paukenhöhle, Teile der Dura mater
Hintere	5	**A. occipitalis** *Ochenschwanzsuppe*	Hinterkopf
	6	**A. auricularis posterior** *aus*	Ohr, Kopfschwarte, M. stapedius
	7 (Endast)	**A. temporalis superficialis** *toten*	Ohrmuschel, mimische Muskulatur, M. temporalis, Ohrspeicheldrüse
	8 (Endast)	**A. maxillaris** *Mäusen*	Tiefe Gesichtsregion, Dura mater, Kaumuskeln, Wange, Oberkiefer, Gaumen, Nasenhöhle

Tabelle 52: Äste der A. carotis externa

10.2 Hals

10.2.1 M. omohyoideus

Er gehört zur infrahyalen Muskulatur.

Ursprung	Ansatz	Funktion	Nerv	Gefäße
- **Venter superior**: Corpus ossis hyoidei - **Venter inferior**: Lig. transversum scapulae	Über eine **Zwischensehne** sind beide Bäuche verbunden. Diese ist über die Lamina praetrachealis der Fascia cervicalis an der **Vagina carotica** befestigt.	- Senkung des Zungenbeins - Anspannen der Lamina praetrachealis - Offenhalten der V. jugularis externa	**Ansa cervicalis profunda**	**A. facialis**

Tabelle 53: M. omohyoideus

10.2.2 Trigonum omoclaviculare

- Das Trigonum omoclaviculare (= **Fossa supraclavicularis major**) gehört zur Regio cervicalis lateralis.
- Die laterokraniale Grenze bildet der **Venter inferior m. omohyoidei**.
- Die **Fascia omoclavicularis** trennt:

Oberflächliche Etage	- Die Fascia omoclavicularis und die Lamina superficialis fasciae cervicalis begrenzen das Spatium interaponeuroticum supraclaviculare. - Hier liegen die **Nn. supraclaviculares** und die **V. jugularis externa**.

Tiefe Etage	- Die Fascia omoclavicularis und die Lamina praevertebralis fasciae cervicalis begrenzen einen Raum für folgende Strukturen:
	  - **A. subclavia** (tritt durch die Skalenuslücke hindurch und gibt die A. transversa cervicis ab)
	  - **A.** und **V. cervicalis superficialis**
	  - **Truncus subclavius** (liegt auf dem M. scalenus anterior)
	  - **N. phrenicus** (verläuft auf dem M. scalenus anterior)
	  - Teile des **Plexus brachialis**

- Der **Ductus thoracicus** mündet am linken Venenwinkel und nimmt zuvor folgende Zuflüsse auf:
  - Truncus subclavius sinister
  - Truncus jugularis sinister
  - Truncus bronchomediastinalis sinister

- Sind die **Nodi lymphatici supraclaviculares** auf der **linken** Seite vergrößert über der Klavikula tastbar, so werden sie als „Virchow"-Drüse bezeichnet. Bei einer solchen Vergrößerung besteht der Verdacht auf einen bösartigen Tumor im Bauchraum (v.a. fortgeschrittenes Magenkarzinom), der in die supraklavikulären Lymphknoten metastasiert hat.

10.2.3 Pars supraclavicularis des Plexus brachialis

- Sie erstreckt sich von der Wirbelsäule bis zum Unterrand der Klavikula.
- Zur Pars supraclavicularis zählen folgende Nerven:
  - **N. dorsalis scapulae**
  - **N. thoracicus longus**
  - **N. subclavius** (zieht zum M. subclavius)
  - **N. suprascapularis** (zieht durch die Incisura scapulae zum M. supraspinatus und zum M infraspinatus)
  - **Nn. pectorales medialis et lateralis** (zu den Mm. pectorales major et minor)
  - **Nn. subscapulares** (versorgen den M. subscapularis und den M. teres major)
  - **N. thoracodorsalis** (versorgt den M. latissimus dorsi und den M. teres major). Alternativ kann der N. thoracodorsalis auch dem Fasciculus posterior der Pars infraclavicularis entspringen.

10.2.4 Skalenusgruppe

Die Mm. Scaleni zählen zur Halsmuskulatur.

	Ursprung	**Ansatz**	**Funktion**	**Nerv**	**Gefäße**
M. scalenus anterior	**Proc. transversus** C3 - C6	Tuberculum m. scaleni der **1. Rippe**	- Hebung der 1. bzw. 2. Rippe - Atemhilfsmuskel - Neigung der HWS nach lateral	**Rr. ventrales nn. cervicales**	**A. cervicalis ascendens** (aus dem Truncus thyrocervicalis der A. subclavia)
M. scalenus medius	**Proc. transversus** C1 - C7	**1. Rippe**			
M. scalenus posterior	**Proc. transversus** C5 - C6	**2. Rippe**			

Tabelle 54: Skalenusgruppe der Halsmuskulatur

10.2.5 Skalenuslücke

- Die Skalenuslücke ist eine dreieckige Lücke zwischen M. scalenus medius, M. scalenus anterior und der 1. Rippe.
- Sie ist Durchtrittsstelle für den **Plexus brachialis** und die **A. subclavia** (im Sulcus a. subclaviae der 1. Rippe).

10.2.6 A. transversa colli

- Die A. transversa colli (= A. transversa cervicis) ist ein Ast der **A. subclavia** (aus dem Truncus thyrocervicalis).
- Sie verläuft zwischen den Wurzeln des Plexus brachialis und zieht im Trigonum omoclaviculare nach dorsal zur Skapula.
- Ihre Hauptäste sind die A. cervicalis superficialis und A. dorsalis scapulae.
- Somit versorgt die A. transversa colli den M. levator scapulae, den M. splenius, Teile der Nackenmuskeln, den M. trapezius, den M. serratus anterior, den M. latissismus dorsi und die Mm. rhomboidei.

10.2.7 A. subclavia

- Die **A. subclavia sinistra** entspringt auf der linken Körperseite aus dem Arcus aortae.
- Die **A. subclavia dextra** stammt aus dem Truncus brachiocephalicus.
- Sie tritt zwischen M. scalenus anterior und M. scalenus medius in die **hintere Skalenuslücke**, ventrokaudal des Plexus brachialis.
- Ihre Äste sind:
  - **A. vertebralis**
  - **Truncus thyrocervicalis**
  - **Truncus costocervicalis** (liegt am hinteren Rand des M. scalenus anterior und gibt als Ast die **A. cervicalis profunda** ab)
  - **A. transversa colli**

10.2.8 V. subclavia

- Sie ist die Fortsetzung der **V. axillaris**.
- Sie zieht unter der Klavikula und unter dem M. subclavius auf der 1. Rippe vor den M. scalenus anterior.
- Sie ist mit der Fascia clavipectoralis verbunden.
- Hinter dem Sternoklavikulargelenk vereinigen sich die **V. subclavia** und **V. jugularis interna**.

10.3 Brustwand

10.3.1 Sulcus bicipitalis medialis

- Der Sulcus bicipitalis medialis ist eine Hauteinsenkung am medialen Rand des M. biceps brachii.

- Der Puls der A. brachialis kann hier getastet werden.

10.4 Regio femoris anterior

10.4.1 Lacuna musculorum et vasorum

- Unterhalb des Lig. inguinale befinden sich zwei Öffnungen, durch die Leitungsbahnen aus der Tiefe des Beckens an die Oberfläche zum Oberschenkel ziehen.
- Die Öffnungen werden vom **Arcus ileopectineus** getrennt.

Lacuna musculorum	- Laterale Öffnung mit: - **N. cutaneus femoris** - **M. iliopsoas** - **N. femoralis**
Lacuna vasorum	- Mediale Öffnung mit: - **A. und V. femoralis** - **R. femoralis des N. genitofemoralis**  - Der Bereich zwischen der V. femoralis und dem Lig. lacunare ist durch das **Septum femorale** verschlossen, durch das Lymphgefäße ziehen. Dies ist ein Ort geringer Widerstandsfähigkeit, an dem sich **Schenkelhernien** bilden können.

Tabelle 55: Lacuna musculorum et vasorum

10.4.2 A. profunda femoris

- Die tiefe Oberschenkelschlagader verläßt die A. femoralis ca. 6 cm unterhalb des Leistenbandes.
- Ihre wichtigsten Äste sind:
  - **A. circumflexa femoris lateralis**: Sie durchdringt den M. vastus lateralis.
  - **A. circumflexa femoris medialis**: Sie versorgt Teile der Adduktoren und der ischiokruralen Muskulatur. Äste von ihr anastomosieren mit der A. obturatoria.
  - **3 - 5 Aa. perforantes**: Diese versorgen die Adduktoren und die dorsalen Muskeln des Oberschenkels. Sie gehen in Aa. nutriciae femoris über.

10.4.3 M. tensor fasciae latae

Ursprung	Ansatz	Funktion	Nerv	Gefäße
Spina iliaca anterior superior	Tractus iliotibialis der **Fascia lata**	- Hüfte: Beugung und Innenrotation - **Spannen der Fascia lata**	**N. glutaeus superior**	**A. circumflexa iliaca superior**

Tabelle 56: M. tensor fasciae latae

10.4.4 M. quadriceps femoris

Er gehört zu den Extensoren des Oberschenkels und besteht aus vier Anteilen.

	Ursprung	Ansatz	Funktion	Nerv	Gefäße
M. rectus femoris	- **Spina iliaca anterior inferior** (mit dem Caput rectum) - **Acetabulum** (mit dem Caput reflexum)	- **Patella** - **Lig. patellae** - **Tuberositas tibiae**	- **Hüftbeugung** - **Kniestreckung**	**N. femoralis**	R. descendens der **A. circumflexa femoris lateralis** (Ast der A. profunda femoris)
M. vastus lateralis	- Basis des **Trochanter major** - **Labium laterale der Linea aspera**	- **Kniegelenkkapsel**	- **Kniestreckung**		
M. vastus intermedius	- Ventralseite des **Femurschaftes**		- **Kniestreckung** - Spannt die Kniegelenkkapsel		
M. vastus medialis	- Labium mediale der **Linea aspera**				

Tabelle 57: Anteile des M. quadriceps femoris

10.4.5 M. pectineus

Er gehört zur Adduktorengruppe.

Ursprung	Ansatz	Funktion	Nerv	Gefäße
Pecten ossis pubis	**Linea pectinea**	- **Beugung** - **Außenrotation** - **Adduktion**	- **N. obturatorius** - **N. femoralis**	- R. ascendens der **A. circumflexa femoris medialis** - R. anterior der **A. obturatoria** - **Aa. perforantes**

Tabelle 58: M. pectineus

10.4.6 M. gracilis

Er gehört zur Adduktorengruppe.

Ursprung	Ansatz	Funktion	Nerv	Gefäße
Ramus inferior ossis pubis	Über den **Pes anserinus** am Condylus medialis tibiae	- Hüfte: **Adduktion** - Knie: Flexion und Innenrotation	- **N. obturatorius**	- R. ascendens der **A. circumflexa femoris medialis** - R. anterior der **A. obturatoria** - **Aa. perforantes**

Tabelle 59: M. gracilis

10.4.7 Pes anserinus (superficialis)

- Der "**Gänsefuß**" ist eine flächige, fächerförmige, dreistrahlig divergierende Sehnenplatte knapp überhalb des Kniegelenks.
- Er wird gebildet von den Endsehnen folgender Muskeln:
  - **M. sartorius**
  - **M. semitendinosus**
  - **M. gracilis**
- Zwischen dem Pes anserinus und dem Lig. collaterale tibiae liegt die **Bursa anserina**.

- Hinweis: Als **Pes anserinus profundus** bezeichnet man die (in drei Zipfeln auslaufende) Endsehne des M. semimembranosus.

10.5 Regio cruris anterior und Dorsum pedis

10.5.1 Muskeln des Fußrückens

	Ursprung	Ansatz	Funktion	Nerv	Gefäße
M. extensor hallucis brevis	- Dorsale Fläche des **Calcaneus** - **Lig. talo-calcaneum interosseum**	Grundphalanx der **Großzehe**	**Dorsalextension** im Großzehen-grundgelenk	**N. fibularis profundus**	- **A. tarsalis lateralis** - **A. arcuata**
M. extensor digitorum brevis	- Dorsale Fläche des **Calcaneus**	Dorsalaponeurose der **2.-4. Zehe**	**Dorsalextension** der 2.-4. Zehe		

Tabelle 60: Muskeln des Fußrückens

10.5.2 A. dorsalis pedis

- Sie ist die Fortsetzung der **A. tibialis anterior** auf dem Fußrücken und liegt oberflächlich.

An der A. dorsalis pedis ist der **Fußpuls** tastbar, und zwar proximal am Fußrücken zwischen der Sehne des M. extensor hallucis longus und der Sehne des M. extensor digitorum longus.

- Von ihr gehen ab:
  - **A. tarsalis lateralis**: Sie zieht zum Os cuboideum und anastomosiert dort mit der A. arcuata. Aus ihr geht die **A. digitalis dorsalis V** hervor.
  - **Aa. tarsales mediales**: Bei diesen handelt es sich um mehrere kleine Äste (2-3), die zum medialen Fußrand ziehen.
  - **A. arcuata**: Sie zieht bogenförmig zum lateralen Fußrand und anastomosiert dort mit der A. tarsalis lateralis.

10.6 Regio malleolaris medialis

10.6.1 Retinaculum mm. flexorum

- Wie am Arm gibt es auch am Fuß ein Retinaculum mm. flexorum, das hier vom Innenknöchel zum Fersenbein zieht.
- Dabei bildet es im Malleolarkanal je eigene Führungskanäle für:
  - die Sehne des M. tibialis posterior (1. Fach).
  - die Sehne des M. flexor digitorum longus (2. Fach).
  - die Sehne des M. flexor hallucis longus (3. Fach).

11 10. Tag

11.1 Gesicht

11.1.1 Fossa retromandibularis

- Sie wird **begrenzt** von folgenden Strukturen:
    - Unterkiefer
    - M. sternocleidomastoideus
    - M. stylohyoideus, M. styloglossus, M. stylopharyngeus (entspringen alle am Processus styloideus)
- In ihr liegen:
    - **Gl. parotidea**
    - **A. carotis externa**
    - **N. retromandibularis**
    - **A. auriculotemporalis**
    - Stamm des **N. facialis**
    - Lymphknoten

11.1.2 Spatium lateropharyngeum

- Wurde früher auch als Spatium parapharyngeum bezeichnet.
- Es handelt sich hierbei um einen paarigen, mit Faszien ausgekleideten Raum, lateral des Pharynx.

Im Spatium lateropharyngeum können sich Entzündungen leicht ausbreiten.

- Es wird begrenzt von folgenden Strukturen:

Medial	Pharynx
Lateral	M. pterygoideus medialis, Processus styloideus, Faszie der Gl. parotidea
Dorsolateral	am Proc. styloideus entspringende Muskeln
Dorsal	Lamina praevertebralis fasciae cervicalis

- Die **Aponeurosis stylopharyngea** teilt im Spatium lateropharyngeum zwei Räume ab:
    - Im **dorsalen Raum** liegen:
        - **V. jugularis interna**
        - **A. carotis interna**
        - **N. glossopharyngeus** (Hirnnerv IX)
        - **N. vagus** (Hirnnerv X)
        - **N. accessorius** (Hirnnerv XI)
        - **N. hypoglossus** (Hirnnerv XII)
    - Im **ventralen Raum** liegen:
        - **N. lingualis**
        - **A. alveolaris inferior**
        - **N. auriculotemporalis**
        - **Chorda tympani**
        - Teile der Gl. parotidea

11.1.3 Fascia temporalis

- Sie besitzt eine **Lamina superficialis** und eine **Lamina profunda**.
- Beide Blätter bedecken den M. temporalis.
- Kranial, an der Linea temporalis superior, liegen die Blätter dicht zusammen, weichen im Verlauf nach kaudal jedoch auseinander. Zwischen ihnen liegen die **A.** und **V. temporalis media**.
- Das **oberflächliche Blatt** ist am Arcus zygomaticus außen befestigt.
- Das **tiefe Blatt** ist an der Innenseite des Jochbogens befestigt.

11.2 Hals

11.2.1 N. phrenicus

- Er ist ein langer **Ast der Radix motoria** des **Plexus cervicalis**.
- Er versorgt **motorisch** das **Zwerchfell** *(C3,C4,C5 keep the diaphragma alive)*.
- Die **sensiblen Anteile** versorgen: Pleura mediastinalis, Pleura diaphragmatica, das Perikard (über **R. pericardiacus**), Peritoneum von Zwerchfell, Leber und Gallenblase (über **Rr. phrenicoabdominales**).
- Er verläuft auf dem M. scalenus anterior nach kaudal und gelangt zwischen der A. und V. subclavia in die Brusthöhle.
- Sein Verlauf orientiert sich im Thorax an der **A. pericardiacophrenica** (Ast der A. thoracica interna):

<table>
<tr><th>Rechts</th><th>Links</th></tr>
<tr><td>Hier liegt er zwischen der V. brachiocephalica dextra und dem Truncus brachiocephalicus.</td><td>Hier liegt er zwischen der V. brachiocephalica sinistra und der A. subclavia sinistra.</td></tr>
<tr><td colspan="2">Er zieht über den Vorderrand der Pleurakuppel ins Mediastinum.</td></tr>
<tr><td colspan="2">Zwischen Perikard und Pleura medistinalis zieht er vor dem Lungenhilum weiter.</td></tr>
<tr><td>Er verläuft entlang der V. cava superior.</td><td>Er zieht entlang der linken Herzkontur um die Herzspitze (der linke N. phrenicus ist länger als der rechte).</td></tr>
<tr><td>Die Rr. phrenicoabdominales ziehen durch das Foramen v. cavae.</td><td>Die Rr. phrenicoabdominales ziehen durch eine Spalte im Zwerchfell nahe der Herzspitze.</td></tr>
</table>

Tabelle 61: Verlauf des N. phrenicus

11.3 Vordere Rumpfwand

11.3.1 M. serratus anterior

- Zählt zur Schultergürtelmuskulatur.

- Ist der M. serratus anterior gelähmt, so zeigt sich das Bild der **Scapula alata** (d.h. das Schulterblatt steht ab.)

Ursprung	Ansatz	Funktion	Nerv	Gefäße
Lateral mit Ursprungs-zacken an der **1. - 9. Rippe**	- **Margo medialis** - **Angulus superior scapulae** - **Angulus inferior scapulae**	- Der untere Teil **dreht die Skapula** bei der Elevation - Atemhilfsmuskel - Fixierung der Skapula am Rumpf	**N. thoracicus longus** (aus dem Plexus brachialis)	**A. thoracodorsalis** (Ast der A. subscapularis)

Tabelle 62: M. serratus anterior

11.3.2 Fascia endothoracica

- Sie ist eine bindegewebige Schicht, die innen den Thorax auskleidet.
- Sie dient als Verschiebeschicht zwischen der Pleura parietalis und der Brustwand.

11.4 Allgemeines zu den Körperhöhlen

- Die Eingeweide liegen in Körperhöhlen (z.B. Brusthöhle, Bauchhöhle, Herzbeutelhöhle).
- Die Organe und die Körperhöhlen sind mit einer **glatten Oberfläche** überzogen (**Serosa**).
  - Die Serosa über dem Organs wird als **viszerales Blatt,** die Serosa der Wand der Körperhöhle als **parietales Blatt** bezeichnet. Nur das parietale Blatt ist **sensibel innerviert**.
  - Die Stellen an denen parietales und viszerales Blatt ineinander übergehen, werden als **Umschlagstelle** bezeichnet (Umschlag bedeutet dabei aber nicht, daß die Blätter übereinanderliegen. Sie sind nicht "gestapelt" sondern gehen nur ineinander über!).

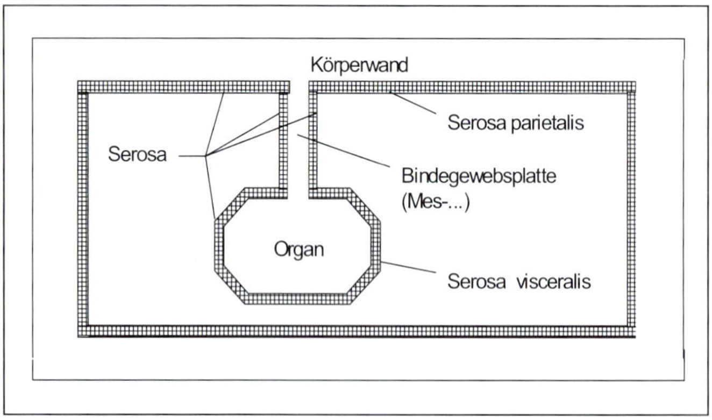

Abbildung 10: Schema der inneren Oberflächen

- In der Brusthöhle wird die Serosa als **Pleura** bezeichnet (Pleura visceralis, Pleura parietalis).
- In der Bauchhöhle wird die Serosa als **Peritoneum** bezeichnet (Peritoneum viscerale, Peritoneum parietale).
- Im Fall der Herzbeutelhöhle weicht die Nomenklatur von obigem Schema ab. Das viszerale Blatt über dem Herzen wird als Lamina visceralis pericardii serosi oder als **Epikard** bezeichnet. Das parietale Blatt der Serosa der Herzbeutelhöhle heißt Lamina parietalis pericardii serosi oder **Perikard**.

- Die den Spaltraum zwischen Organen und Körperhöhlen ausfüllende Flüssigkeit wird als **seröse Flüssigkeit** bezeichnet. Die seröse Flüssigkeit entsteht durch Abfiltration aus den Blutgefäßen (**Transsudat**). Sie ermöglicht z.Bsp. in der Herzhöhle die gute Verschieblichkeit des Herzens.

11.5 Brustsitus

11.5.1 Pleura

- Das Brustfell gliedert sich in:
  - **Pleura parietalis**:
    - Sie liegt der Wand der Brusthöhle an und bildet einen **geschlossenen Pleurasack**.
    - Sie läßt sich gliedern in:
      - **Pars diaphragmatica**: über dem Zwerchfell.
      - **Pars mediastinalis**: über dem Mediastinum.
      - **Pars costalis**: über den Rippen, der Wirbelsäule und dem Sternum.
      - **Pars pericardiaca**: über dem Herzbeutel.
    - An den Übergängen der einzelnen Anteile liegen Falten der parietalen Pleura übereinander. Diese Falten (= **Recessus**) bilden Reserveräume für die Ausdehnung der Lunge bei der Inspiration. Es lassen sich trennen:
      - **Recessus costodiaphragmaticus**
      - **Recessus costomediastinalis**
      - **Recessus phrenicomediastinalis**
  - **Pleura visceralis** (= Pleura pulmonalis):
    - Sie liegt fest als Überzug über den Lungen und geht am **Lungenhilus** in die Pleura parietalis über.

- Zwischen der Pleura parietalis und Pleura visceralis liegt der Pleuraspalt, in dem ein Unterdruck herrscht und der geringe Mengen einer serösen Flüssigkeit enthält. Dieser Unterdruck ist notwendig, damit die Lunge nicht kollabiert. Bei einer Verletzung der Pleura parietalis oder visceralis kann Luft in den Pleuraspalt eindringen (und der Unterdurck nicht aufrecht erhalten werden). Es kommt dann zum **Pneumothorax**, die Lunge kollabiert auf der betroffenen Seite.

11.6 Bauchsitus

11.6.1 Peritoneum

- Das Bauchfell gliedert sich in:
  - **Peritoneum parietale**:
    - Kleidet die Bauchhöhle aus und **liegt der Fascia transversalis an**.
    - Ist auf der Vorderseite an der **Reliefbildung** beteiligt, also an den Falten (Plicae) und Gruben (Fossae).
    - Auf der Hinterseite liegt das Peritoneum parietale nicht direkt der Bauchwand an, sondern schließt mit dieser den bindegewebigen **Retroperitonealraum** ein. Dadurch werden also abgetrennt:
      - **Peritonealraum** (Cavitas peritonealis): hier liegen Abschnitte des Magen-Darm-Trakts, die großen Anhangsdrüsen, die Milz und die versorgenden Gefäße.
      - **Retroperitonealraum** (Spatium retroperitoneale): hier liegen die Nieren und Nebennieren, der Harnleiter, die großen Gefäßstamme und der Truncus sympathicus (Grenzstrang), sowie Teile des Darms.
  - **Peritoneum viscerale**: Bedeckt die Oberfläche intraperitoneal liegender Organe.

11.6.2 Mesenterium

- Das Mesenterium (= Dünndarmgekröse) ist das **Aufhängeband** der intraperitonealen Teile des **Dünndarms** (Jejunum und Ileum) und befestigt diese Dünndarmabschnitte an der hinteren Bauchwand. In ihm liegt eine starke, fettgewebige Bindegewebsschicht mit Lymphknoten, Gefäßen und Nerven.

11.6.3 Lagebezeichnungen der Baucheingeweide

Lage	Kriterien	Beispiel
Intraperitoneal	- Das Organ ist vom **Peritoneum viscerale** umgeben. - Das Organ ist mit einem **Aufhängeband** (Name: Meso-...) mit dem Peritoneum parietale verbunden.	im Oberbauch: Leber, Gallenblase, Milz, Magen, Duodenum: Pars superior im Unterbauch: Jejunum, Ileum, Caecum, Appendix vermiformis, Colon transversum + sigmoideum
Retroperitoneal	- Das Organ liegt **hinter dem Peritoneum** und wird nur teilweise vom Peritoneum parietale bedeckt. - Im allgemeinen ist das Organ mit der hinteren Bauchwand verwachsen oder über Bindegewebe dort angewachsen.	Niere, Nebenniere, Ureter, Aorta abdominalis, V. cava inf., Ductus thoracicus, Grenzstrang
Sekundär retroperitoneal	- Das Organ lag ursprünglich intraperitoneal und wanderte in der Entwicklung in eine **retroperitoneale Lage**.	im Oberbauch: Duodenum: Pars descendens, Pars horizontalis, Pars ascendens, Pankreas, im Unterbauch: Caecum, Colon: Pars ascendens, Pars descendens, Teil des Rektums
Extraperitoneal	- Das Organ hat gar **keine Beziehung zum Peritoneum**.	Prostata

Tabelle 63: Lagebezeichnungen der Baucheingeweide

11.6.4 A. mesenterica superior

- Sie entspringt unterhalb des Truncus coeliacus aus der **Aorta**.
- Sie zieht hinter dem Pankreas abwärts und tritt zwischen diesem und der Pars horizontalis des Duodenums in das **Mesenterium** ein.
- Sie teilt sich im Mesenterium in mehrere Äste auf und versorgt den Darm vom **Jejunum** (ab dem **Treitz´schen Band** = Plica duodenojejunalis) bis zur **linken Kolonflexur**.
- Wichtige Äste der A. mesenterica superior sind:
  - **A. pancreaticoduodenalis inferior**
  - **Aa. jejunales**
  - **Aa. ileales**
  - **A. ileocolica**
  - **A. colica dextra**
  - **A. colica media** (anastomosiert mit der A. colica sinistra aus der A. mesenterica inferior)

11.6.5 A. mesenterica inferior

- Sie enspringt unterhalb des 3. Lumbalwirbels aus der **Aorta**.
- Sie versorgt das Colon descendens, Colon sigmoideum und den oberen Teil des Rektums.
- Wichtige Äste der A. mesenterica inferior sind:
  - **A. colica sinistra**
  - **Aa. sigmoideae**
  - **A. rectalis superior**

11.6.6 Mesocolon transversum

- Das Mesocolon transversum ist eine quere Bauchfellplatte, die das Colon transversum an der hinteren Bauchwand befestigt und so dessen große Beweglichkeit ermöglicht.

11.6.7 Pankreas

- Die Bauchspeicheldrüse ist gegliedert in **Caput, Corpus** und **Cauda pancreatis**.
- Es handelt sich um eine gräulichrote, lappige Drüse mit endokrinen (Langerhans-Inseln, Ort der Insulinbildung) und exokrinen Anteilen (Verdauungsenzymbildung).
- Es ist ca. 15 cm lang und liegt **retroperitoneal** zwischen Duodenum und Milzhilus.
- Der Hauptausführungsgang (**Ductus pancreaticus**) mündet auf der **Papilla duodeni major** in die Pars descendens des Duodenums.

11.7 Regio femoris anterior

11.7.1 N. saphenus

- Er ist der einzige Unterschenkelast der **N. femoralis**.
- Er ist rein **sensibel** und versorgt die Haut unter der Kniescheibe (R. infrapatellaris) und die Haut am medialen Unterschenkel und an der medialen Fußseite (Rr. cutanei cruris mediales).

- Bei der Untersuchung der Funktion des N. femoralis sollte man daher nicht nur die Motorik, sondern auch die Sensibilität am medialen Unterschenkel prüfen.

11.7.2 A. genicularis descendens

- Die A. genicularis descendens ist ein Ast der A. femoralis und zweigt im Adduktorenkanal ab.
- Sie durchbricht die Membrana vastoadductoria zusammen mit dem N. saphenus.
- Sie zieht mit Rr. articulares zum **Rete articulare genus**.

11.7.3 Canalis obturatorius

- Der Canalis obturatorius liegt im Sulcus obturatorius und besitzt eine ovale Öffnung in der **Membrana obturatoria**. Hier ziehen hindurch:
  - **A. obturatoria**: Sie teilt sich im Kanal in einen R. posterior (zum Hüftgelenk) und einen R. anterior (zu den Adduktoren und der Haut der Genitalregion).
  - **Vv. obturatoriae**
  - Lymphgefäße
  - **N. obturatorius**

- Bei einer **Obturatoriushernie** schiebt sich der Bruchsack in den Canalis obturatorius vor und drückt auf die Leitungsbahnen. Dadurch können im sensiblen Endgebiet des N. obturatorius (also medial am Oberschenkel und am Knie) Störungen auftreten.

11.7.4 N. obturatorius

- Er stammt aus dem Plexus lumbalis (L2-L4).
- Er verläuft am medialen Rand des M. psoas major zum Canalis obturatorius und zur **Adduktorengruppe** am Oberschenkel.
- Äste:
  - **R. anterior:** Dieser versorgt die Adduktoren. Sein Endast versorgt die **Haut** der Innenfläche des Oberschenkels und des Kniegelenks. Er läuft in den **R. cutaneus** aus.
  - **R. posterior:** Dieser versorgt mit dem **N. tibialis** zusammen den M. adductor magnus und M. obturator externus.

12 11. Tag

12.1 Gesicht

12.1.1 Kaumuskulatur

		Ursprung	Ansatz	Funktion	Nerv	Gefäße
M. masseter		**Arcus zygomaticus**	**Tuberositas masseterica** (am Angulus mandibulae)	- **Kieferschluß**	**N. massetericus**	- **A. masseterica** (Ast der A. maxillaris)
M. pterygoideus medialis		**Fossa pterygoidea**	**Tuberositas pterygoidea** (am Angulus mandibulae)		**N. pterygoideus medialis**	- Rr. pterygoidei der **A. maxillaris**
M. temporalis		**Linea temporalis** (der Squama ossis temporalis und des Os parietale)	**Processus coronoideus mandibulae**	- **Kieferschluß** - Der dorsale Teil zieht die vorgeschobene Mandibula zurück	**Nn. temporales profundi**	- **Aa. temporales profundae** (Äste der A. maxillaris) - **A. temporalis media** (Ast der A. temporalis superficialis)
M. pterygoideus lateralis	**Pars superior**	**Crista infratemporalis ossis sphenoidalis**	**Discus articularis**	- **Einleiten der Kieferöffnung** durch Nach-vorne-ziehen des Discus articularis	**N. pterygoideus lateralis**	- Rr. pterygoidei der **A. maxillaris**
	Pars inferior	**Lamina lateralis des Processus pterygoideus**	**Processus condylaris mandibulae**	- Einseitig: Verschieben der Mandibula zur Gegenseite - Beidseitig: Vorschieben der Mandibula		

Tabelle 64: Kaumuskeln

12.1.2 Kiefergelenk

- Der **Discus articularis** ist mit der Kapsel verwachsen und teilt so eine obere (discotemporale) und eine untere (discomandibulare) Kammer ab.
- Der Discus articularis und der Gelenkknorpel bestehen aus **Faserknorpel**, der eine hohe Anpassungsfähigkeit an die veränderten Beanspruchungen während des Kauvorgangs ermöglicht.
- Wichtige Bänder sind:
  - **Lig. laterale**: Zieht vom Processus zygomaticus zum Collum mandibulae und hat als einziges der Bänder Anteil an der Gelenkkapsel.
  - **Lig. stylomandibulare**: Zieht vom Processus styloideus zum Angulus mandibulae.
  - **Lig. sphenomandibulare**: Liegt zwischen den Mm. pterygoidei lateralis et medialis und zieht von der Spina ossis sphenoidalis zur Innenseite des Ramus mandibulae.
  - **Raphe pterygomandibularis**: Zwischen Hamulus processus pterygoidei und Ramus mandibulae.

12.1.3 Nn. temporales profundi

- Die Nn. temporales profundi sind Äste der **Portio minor** (Radix motoria) des **N. trigeminus**.
- Sie innervieren den **M. temporalis**.

12.1.4 Aa. temporales profundae

- Die Aa. temporales profundae sind Äste der **A. maxillaris**.
- Sie versorgen den **M. temporalis**.

12.1.5 Fovea pterygoidea

- Die Fovea pterygoidea ist eine kleine Grube medial am **Collum mandibulae**.
- Sie dient dem M. pterygoideus lateralis als Ansatz.

12.2 Bauchsitus

12.2.1 A. ileocolica

- Die A. ileocolica ist ein Ast der **A. mesenterica superior**.
- Sie gibt folgende Äste ab:
  - **A. appendicularis**: Zieht zur Appendix und muß bei einer Appendektomie unterbunden werden.
  - **A. caecalis anterior**: Versorgt die vordere Wand des Blinddarms. Sie wirft über dem Recessus ileocaecalis das Bauchfell zu einer Falte auf (= Plica caecalis vascularis).
  - **A. caecalis posterior**: Zieht zur hinteren Wand des Zäkums.
  - **Aa. ileales**: Diese Endäste ziehen zum Ileum.

12.2.2 Aa. sigmoideae

- Äste der **A. mesenterica inferior**.
- Treten in das **Mesosigmoideum** ein und anastomosieren mit dem Gefäßgebiet des **linken Colonschenkels**.

12.2.3 A. rectalis superior

- Endast der **A. mesenterica inferior**.
- Anastomosiert in der Tiefe der Beckenhöhle mit der A. rectalis inferior (aus der A. pudenda interna).

12.2.4 Harnleiter

- Der **Ureter** ist ca. 25-30 cm lang.
- Er liegt **retroperitoneal** und gliedert sich in:
  - **Pars abdominalis**:
    - Dieser Teil liegt auf der **Psoasfaszie**, bedeckt vom **Peritoneum parietale**.
    - Ventral des Ureters verlaufen die A. und V. testicularis bzw. ovarica.
  - **Pars pelvica**:
    - An der Grenze zum kleinen Becken biegt der Ureter um und folgt dessen Wand.
    - Der rechte Ureter überkreuzt die **A. iliaca externa dextra**.
    - Der linke Ureter überkreuzt die Aufgabelungsstelle der **A. iliaca communis**.
    - Beide Harnleiter durchsetzen schräg die Harnblasenwand.
    - Man findet in seinem Verlauf drei Engstellen:

      1.) am Übergang vom Nierenbecken in den Ureter.
      2.) an der Überkreuzung der A. iliaca communis oder der A. iliaca externa.
      3.) beim Durchtritt durch die Blasenwand.
- Arteriell wird er von Arterien seiner unmittelbaren Umgebung versorgt, die um den Ureter herum ein **anastomosierendes Geflecht** bilden. Beteiligt sind die A. renalis, A. testicularis bzw. A. ovarica, A. pudenda interna und die A. vesicalis superior.

12.2.5 Arterien des Magens

- Sie stammen allesamt aus dem **Truncus coeliacus**.
- Sie bilden um die Kurvaturen des Magens einen Gefäßkranz.
- An der **Curvatura minor** liegen zwei Gefäße, die miteinander anastomosieren:
  - **A. gastrica sinistra** (aus dem Truncus coeliacus).
  - **A. gastrica dextra** (aus der A. hepatica propria).
- An der **Curvatura major** liegen zwei Gefäße, die miteinander anastomosieren:
  - **A. gastroomentalis dextra** (aus der A. gastroduodenalis).
  - **A. gastroomentalis sinistra** (aus der A. splenica).
- Die **Aa. gastricae breves** sind Äste der A. splenica und versorgen den Magenfundus.

12.3 Äußeres Genitale

12.3.1 Penis

- Er wird eingeteilt in die bewegliche **Pars pendulans** (Corpus penis) und die **Pars affixa** (Radix penis), die am Bauchfell und der Symphyse befestigt ist.
- Das Corpus penis trägt die Eichel (**Glans penis**), deren vorspringender Rand (**Corona glandis**) zum Schaft hin eine Furche (**Collum glandis**) abgrenzt.
- Das **Praeputium** (Vorhaut) bedeckt die Eichel.
- An der Bauchwand und der Symphyse ist der Penis durch Bandzüge mit elastischen Fasern befestigt. Das **Lig. fundiforme penis** zieht von der Bauchwandfaszie und Linea alba zum Corpus penis und umschlingt dieses mit zwei Schenkeln. Das **Lig. suspensorium penis** zieht von der Symphyse zum **Dorsum penis**.
- Die paarigen **Corpora cavernosa penis** werden je von einer A. profunda penis versorgt, die in ihrer Mitte verläuft. Die Schwellkörper werden durch das Septum penis fast voneinander getrennt und von der gemeinsamen **Tunica albuginea corporis cavernosum** umgeben.
- Das unpaare **Corpus spongiosum penis** umhüllt den Harnsamenleiter.
- Auf der entgegengesetzten Seite, der Penisrückseite, verlaufen epifaszial die **V. dorsalis penis superficialis** und subfaszial die **V. dorsalis penis profunda**, die **A. dorsalis penis** und der **N. dorsalis penis**.

12.3.2 Skrotum

- Der Hodensack zeigt folgenden Schichtenbau (von außen nach innen):
  - **Skrotalhaut**
  - **Tunica dartos** (fettfreie Schicht unter der Lederhaut, besteht aus lockerem Bindegewebe und Myofibroblasten.)
  - **Fascia spermatica externa** (als Fortsetzung der allgemeinen Körperfaszie)
  - **M. cremaster**
  - **Fascia spermatica interna** (entstanden aus der Fascia transversalis abdominis)

12.3.3 Tunica albuginea

- Umgeben wird der Hoden selbst von der **Tunica albuginea**, einer derben, nicht dehnbaren Schutzschicht. Diese ist ca. 1mm dick und besteht aus kollagenem Bindegewebe und glatten Muskelzellen,
- Die Tunica albuginea ist (außer im Bereich der Anlagerungsstelle des Nebenhodens) von der **Lamina visceralis tunicae vaginalis testis (= Epiorchium)** überzogen.

12.3.4 Seröse Hodenhüllen

- Um den Hoden herum findet man eine Duplikatur der ehemaligen Peritonealausstülpung, die **Tunica vaginalis testis**. Diese besteht aus:
  - Lamina parietalis **(Periorchium)**
  - Lamina visceralis **(Epiorchium)**
- Diese beiden Laminae schließen auf der Ventralseite einen kapillären Spalt ein, das **Cavum serosum testis**.
- Die Übergangsfalte der Lamina parietalis in die Lamina visceralis ist das **Mesorchium**.

12.3.5 M. bulbospongiosus

- Der M. bulbospongiosus umgreift beim **Mann** den Schwellkörper des Penis: Seine reflektorische Kontraktion komprimiert den Bulbus penis und wirkt auf die Harnröhre. Die Fasern ziehen von einer medialen Raphe auf dem Corpus spongiosum bzw. vom Centrum tendineum perinei aus bis zum Penisrücken und z.T. bis zur Membrana perinei.
- Der M. bulbospongiosus umgreift bei der **Frau** auf jeder Seite den Bulbus vestibuli: Die Fasern befestigen an der Klitoris und der Fascia diaphragmatis urogenitalis inferior.

12.3.6 Bulbus vestibuli

- Der Bulbus vestibuli ist ein **Venengeflecht** unter den Labia majores, das von einer bindegewebigen Faszie abgegrenzt wird.
- Es entspricht bei der Frau dem männlichen Schwellkörper und wird vom M. bulbospongiosus umfaßt.

12.3.7 Klitoris

- Sie besteht im wesentlichen aus dem **Corpus cavernosum clitoridis** und ist ein erektiler Schwellkörper, umgeben von der **Fascia clitoridis**. Die Schwellkörper werden vom **Septum corporum cavernosum** unvollständig geteilt.
- Sie ist am Ramus inferior ossis pubis befestigt durch die **Crura clitoridis** und das **Lig. suspensorium clitoridis.**
- Die **Glans clitoridis** überzieht das kleine **Praeputium clitoridis** und setzt dorsal am **Frenulum clitoridis** an.

13 12. Tag

13.1 Gesicht

13.1.1 Plexus pterygoideus

- Der Plexus pterygoideus liegt in der **Fossa infratemporalis** unter dem M. pterygoideus lateralis.
- **Zuflüsse:** Vv. meningeae mediae/ Vv. auriculares anteriores (Gehörgang)/ Vv. tympanicae (Paukenhöhle)/ Vv. parotideae (Gl. parotidea)/ Vv. articulares temporomandibularis (Kiefergelenk).
- **Abflüsse:** V. facialis/ V. retromandibularis/ Sinus cavernosus.

13.1.2 A. maxillaris

Sie zweigt innerhalb der Gl. parotidea aus der A. carotis externa ab.

Ast	Gruppe	Versorgungsgebiet
A. auricularis profunda	**1** (zur **Dura mater der mittleren Schädelgrube** und zur **Mandibula**)	- Versorgt das **Kiefergelenk**, den **äußeren Gehörgang** und das **Cavum tympani**.
A. tympanica anterior		- Versorgt das **Kiefergelenk**. - Zieht in die **Paukenhöhle** und anastomosiert mit der A. tympanica posterior (aus der A. auricularis posterior).
A. alveolaris inferior (Endast = A. mentalis)		- Verläuft im Canalis mandibulae. - Versorgt **Zähne** und **Gingiva der Mandibula**. - Gibt einen **R. mylohyoideus** zum M. mylohyoideus ab. - Endet in der **A. mentalis**: Diese versorgt Kinn und Unterlippe.
A. meningea media		- Zieht in die mittlere Schädelgrube (durch das Foramen spinosum) und bildet im Os parietale tiefe Sulci arteriosi. - Versorgt die **Dura mater**. - Ein Ast zieht durch den Porus acusticus internus zum **M. tensor tympani**.
A. masseterica	**2** (zu den **Kaumuskeln**)	- Zieht durch die Incisura mandibulae. - Versorgt den **M. masseter**.
Aa. temporales profundae		- Verlaufen auf dem Planum temporale. - Versorgen den **M. temporalis**.
Rr. pterygoidei		- Versorgen die Mm. pterygoidei lateralis et medialis.
A. buccalis	**3** (zu **Wange** und **Oberkiefer**)	- Versorgt die **Wange** (Muskeln, Schleimhaut, Haut). - Bildet eine Anastomose mit der A. facialis.
A. alveolaris superior posterior		- Versorgt die **hinteren Zähne** und **Gingiva der Maxilla**. - Versorgt die Schleimhaut der Kieferhöhlen.
A. palatina descendens	**4** (zum **Gaumen** und zur **Nasenhöhle**)	- Verläuft von der Fossa pterygopalatina in den Canalis palatinus major. - Sie anastomosiert mit der A. palatina ascendens (der A. facialis) und der A. pharyngea ascendens. - Eine **A. palatina major** versorgt den **harten Gaumen**. - Die **Aa. palatinae minores** versorgen den **weichen Gaumen**.
A. canalis pterygoidei		- Versorgt den kranialen Anteil des Pharynx.
A. sphenopalatina		- Zieht durch das Foramen sphenopalatinum in die Nasenhöhle. - Versorgt über die **Aa. nasales posteriores, mediales et laterales** die **Nasenschleimhaut von Nase und Nasennebenhöhlen**.
A. infraorbitalis		- Entspringt in der Fossa pterygopalatina und zieht durch den Canalis infraorbitalis zur Oberkieferregion. - Die **Aa. alveolares superiores, medii et anteriores** versorgen die **vorderen Zähne und die Gingiva der Maxilla**.

Tabelle 65: Äste der A. maxillaris

13.1.3 Lig. sphenomandibulare

- Das Lig. sphenomandibulare spannt sich aus zwischen der Spina ossis sphenoidalis und der Innenseite des Ramus mandibulae.
- Es liegt zwischen den Mm. pterygoidei lateralis et medialis.

13.1.4 N. alveolaris inferior

- Der N. alveolaris inferior ist ein Ast der **Radix sensoria** des **N. mandibularis** (V_3).
- Er zieht zwischen den Mm. pyterygoidei lateralis et medialis durch das Foramen mandibulae.
- Er versorgt sensibel:
    - Zähne der Mandibula
    - Unterkieferhaut
    - Unterkieferschleimhaut

13.1.5 N. lingualis

- Der N. lingualis ist ein Ast der **Radix sensoria** des **N. mandibularis** (V_3).
- Er zieht zwischen dem M. pterygoideus medialis und dem M. pterygoideus lateralis nach kaudal. Er verläuft dabei vor dem N. alveolaris inferior.
- Er liegt am Mundboden unmittelbar unter der Mundbodenschleimhaut, oberhalb der Gl. submandibularis und unterkreuzt den Ductus submandibularis. Er breitet sich letztlich in der Zungenschleimhaut aus.
- Im Bereich zwischen M. pterygoideus medialis und M. pterygoideus lateralis lagert sich dem N. lingualis von dorsal her die **Chorda tympani** an.
- Äste:
    - **Rr. isthmi faucii**: zum weichen Gaumen
    - **N. sublingualis**: zur Mundbodenschleimhaut.

13.1.6 Chorda tympani

- Der **nicht-motorische Teil** des N. facialis wird als **N. intermedius** bezeichnet. Er zieht zum Geniculum n. facialis und teilt sich dort in den **N. petrosus major** und die **Chorda tympani**.
- Die Fasern der Chorda tympani (= Paukensaite) ziehen durch die Paukenhöhle und schließen sich nach dem Durchtritt durch die Fissura retrotympanica dem Verlauf des N. lingualis an.
- Sie führt **Geschmacksfasern** für die vorderen $^2/_3$ der Zunge, **sensible Fasern** der Schleimhaut der Paukenhöhle und parasympathische Fasern, die im Ganglion submandibulare umgeschaltet werden.
- Ihr in der Paukenhöhle verlaufender Anteil schimmert bei der otoskopischen Untersuchung des Ohres durch das Trommelfell hindurch (daher der Name „Paukensaite").

Neben dem N. opticus (sichtbar beim Augenspiegeln) ist die Chorda tympani der zweite Nerv des Körpers, der sozusagen „von außen" sichtbar ist.

13.1.7 N. mylohyoideus

- Er stammt aus dem N. mandibularis (V_3) aus der Radix motoria des N. trigeminus.
- Er versorgt den M. mylohyoideus.

13.1.8 Canalis mandibulae

- Den Eingang bildet das Foramen mandibulae auf der Mitte der Innenseite der Mandibula.
- Hier verläuft der N. alveolaris inferior und die Vasa alveolaria inferiora.

13.2 Hals

13.2.1 Übersicht zur Zungenbeinmuskulatur

Zungenbein-muskulatur	**suprahyale Muskulatur/** Mundbodenmuskulatur	**infrahyale Muskulatur**
	M. mylohyoideus M. geniohyoideus M. digastricus M. stylohyoideus	M. sternohyoideus M. sternothyroideus M. thyrohyoideus M. omohyoideus

13.2.2 M. digastricus

Der M. digastricus gehört zur suprahyalen Muskulatur.

	Ursprung	**Ansatz**	**Funktion**	**Nerv**	**Gefäße**
Venter posterior	**Incisura mastoidea ossis temporalis**	Die Zwischensehne zwischen den beiden Bäuchen befestigt am **Cornu minor ossis hyoidei**	**Hebt das Zungenbein** beim Schlucken	**R. digastricus des N. facialis**	**A. submentalis** (aus der A. facialis)
Venter anterior	**Cornu minor ossis hyoidei**	**Fossa digastrica**	**Kiefer-öffnung**	**N. mylohyoideus** (aus der Radix motoria V_3)	

Tabelle 66: M. digastricus

13.2.3 Ansa cervicalis profunda

- Sie innerviert die untere Zungenbeinmuskulatur.
- Die Ansa cervicalis profunda ist eine **Nervenbrücke** zwischen Fasern aus C1 und aus C2-C4.
- Sie liegt teilweise innerhalb der Vagina carotica der mittleren Halsfaszie.
- <u>Hinweis</u>: Als Ansa cervicalis superficialis wurde früher eine Verbindung zwischen dem motorischen Anteil des N. facialis am Hals und dem sensiblen N. transversus colli bezeichnet. Die Ansa cervicalis superficialis innerviert das Platysma motorisch und sensibel.

13.2.4 A. carotis communis

- Die A. carotis communis ist das Stammgefäß des Kopfes. Sie entspringt auf der rechten Seite dem **Truncus brachiocephalicus** und auf der linken Seite dem **Aortenbogen**.
- Sie teilt sich auf Höhe der Cartilago thyroidea (im Trigonum caroticum) in die **A. carotis externa** und die **A. carotis interna**.
  - An der Aufteilungsstelle (Sinus caroticum) befindet sich das **Glomus caroticum** (ein Paraganglion) mit Chemorezeptoren, die den Sauerstoffgehalt des Blutes messen. Hier liegen außerdem Pressorezeptoren, die über den sog. Pressorezeptorreflex an der Blutdruckregulation beteiligt sind.

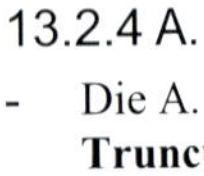

13.2.5 V. jugularis interna

- Sie entsteht aus dem **Sinus sigmoideus** (außerhalb des Foramen jugulare).
- In der Fossa jugularis liegt zunächst der **Bulbus superior v. jugularis**. Dieser hat eine Art „Pufferfunktion" und erzeugt ein Strömungsverhalten, das die in ihrer Größe unveränderbaren Sinus durae matris vor einem übermäßigen Blutabfluß schützt.
- Vor ihrer Vereinigungsstelle mit der V. subclavia zur **V. brachiocephalica** ist die V. jugularis interna zu einem weiteren **Bulbus inferior v. jugularis** erweitert.

13.3 Brustsitus

13.3.1 Herzbeutel

- Der Herzbeutel (= Perikard) umgibt als bindegewebige Hülle das Herz. Er schützt die Herzmuskulatur gegen Überdehnung und vor übergreifenden Entzündungen.
- Das Perikard besteht aus einer äußeren, derben Faserschicht (**Pericardium fibrosum**) und einer inneren, serösen Schicht (**Pericardium serosum**).
- Diese innere seröse Schicht schließt mit der Lamina visceralis (= **Epikard**) den serösen Spaltraum der Herzbeutelhöhle ein.
    - In der Herzbeutelhöhle befinden sich normalerweise nur ca. 20 ml seröse Flüssigkeit. Bei einer Entzündung, Verletzung oder bei einer Insuffizienz des Herzen kann diese Flüssigkeitsmenge jedoch stark ansteigen. Ein derartiger **Perikarderguß** kann dann die systolische Herzfunktion und die diastolische Füllung der Herzkammern behindern und akut lebensbedrohlich werden.

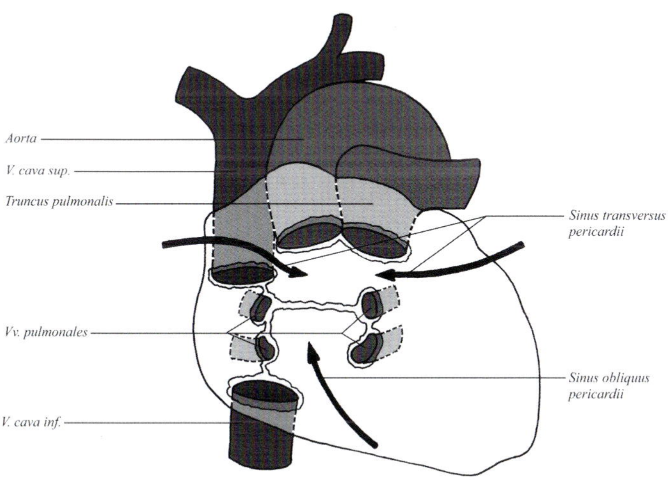

Abbildung 11: Herz mit großen Gefäßabgängen

13.3.2 Sinus transversus pericardii

- Einbuchtungen im Perikard zwischen den Herzpforten, also zwischen den Öffnungen zum Truncus pulmonalis bzw. zur Aorta und der V. cava superior und den Lungenvenen.

13.3.3 Sinus obliquus pericardii

- Einbuchtungen im Perikard zwischen den Mündungen der Lungenvenen und der unteren Hohlvene.

13.3.4 A. pericardiacophrenica

- Sie ist einAst der **A. thoracica interna**.
- Sie begleitet den N. phrenicus seitlich auf dem Herzbeutel unter die Pleura mediastinalis zum Zwerchfell.
- Sie gibt Zweige zum **Perikard**, zur **Pleura** und zum **Zwerchfell** ab.

13.3.5 Herzkranzarterien

- Die Herzkranzgefäße (**Aa. coronariae**) liegen in den natürlichen Furchen des Herzens und entspringen direkt neben der Aortenklappe im Sinus aortae.
  - Die **Herzkranzgefäße** sind die **Vasa privata** des Herzens und entstehen entwicklungsgeschichtlich erst mit dem Dickenwachstum des Herzmuskels und der Untergliederung der Herzräume. Im Zeitraum davor wurde das Herz ausschließlich durch das durch sein Lumen strömende Blut ernährt.
- Da kein Kollateralkreislauf zwischen den Herzkranzarterien besteht, sondern es sich bei ihnen um funktionelle Endarterien handelt, reicht der Verschluß eines Kranzgefäßes aus, um eine Mangeldurchblutung des nachgeschalteten Myokardbereichs auszulösen.
  - Bei Stenosen (= Verengung) der Koronararterien kann es zu einem relativen Sauerstoffmangel (= **Angina pectoris**) oder absoluten Sauerstoffmangel (= **Herzinfarkt**) kommen.

Koronararterie	Verlauf/ Versorgungsgebiet
A. coronaria sinistra (klinisch: **LCA**)	- Sie entspringt am Sinus aortae sinister über der linken Aortenklappe und zieht zwischen linkem Herzohr und Truncus pulmonalis nach vorne. - Sie versorgt den **linken Vorhof** und die **linke Kammer**, den vorderen Teil des Kammerseptums und Teile der Vorderwand der rechten Kammer.
R. circumflexus (klinisch: **RCX**)	- Er zieht im Sulcus coronarius sinister zur Facies diaphragmatica - Er versorgt den linken Vorhof und die **posteriore Hinterwand der linken Kammer**.
R. interventricularis anterior (klinisch: **RIVA**)	- Er zieht im Sulcus interventricularis bis zur Herzspitze. - Er versorgt den Conus arteriosus, die **Vorderwand der linken Kammer** und Teile der Kammerscheidewand.
A. coronaria dextra (klinisch: **RCA**)	- Sie entspringt im Sinus aortae dexter und verläuft zunächst im Sulcus coronarius und biegt dann als **R. interventricularis posterior** in den gleichnamigen Sulcus ein. - Sie versorgt den **rechten Vorhof** und die **rechte Kammer**, Teile der Hinterwand der linken Kammer, Teile des Kammerseptums und den **Sinus-** und **AV-Knoten**.

Tabelle 67: Koronararterien

- Bei einem Hinterwandinfarkt (Verschluß der A. coronaria dextra) sind oft auch Sinus- und AV-Knoten betroffen. Dies kann zu gefährlichen **Herzrhythmusstörungen** führen.

13.3.6 Herzohr

- Die Herzohren (= **Auriculae cordis**) sind Ausbuchtungen des linken und rechten Vorhofs, die ventralwärts die großen Gefäßstämme umgreifen .
- Vom eigentlichen Vorhof werden sie durch den Sulcus terminalis abgegrenzt.
- Im Herzohr des linken Vorhofs liegen bestimmte Herzmuskelzellen vor, die **ANP** (= atriales natriuretisches Peptid) bilden. ANP wird bei vermehrter Vorhofdehnung ausgeschüttet und wirkt im Sinne einer Reduzierung des Blutvolumens.
  - Die Herzohren entsprechen dem embryonalen Vorhof. Sie haben ein balkenartiges Relief. Der restliche Vorhof entsteht hingegen durch Einbeziehung von Gefäßwänden (im Unterschied zu den Herzohren) und ist deshalb glattwandig.

13.3.7 Sinus coronarius

- Die Mündung der **V. coronaria sinistra** ist zum Sinus coronarius erweitert.
- Er mündet unterhalb der V. cava inferior in den rechten Vorhof.
- In ihn münden die meisten venösen Herzkranzgefäße.

13.3.8 Fossa ovalis

- Die Fossa ovalis ist eine flächenhafte sehr dünne Einziehung des Septum interatriale (also im Septum zwischen den Herzvorhöfen).
- Sie wird von einem Muskelwulst (**Limbus fossae ovalis**) umgeben.

- In der Fetalzeit liegt hier eine Öffnung, das **Foramen ovale**, vor. Bei etwa jedem 4.-5. Erwachsenen hat sich das Foramen ovale nach der Geburt nicht vollständig verschlossen, so daß hier eine – i.d.R. harmlose – Verbindung zwischen rechtem und linkem Vorhof vorhanden bleibt.

- Entsteht im venösen System ein Thrombus (Gerinnsel), kann er normalerweise mit dem Blutstrom vom rechten Herz nur in die Lunge gelangen, wo er dann „steckenbleibt“ (= Lungenembolie). Durch ein offenes Foramen ovale kann ein Thrombus aber auch in das linke Herz übertreten und von dort aus im Körperkreislauf Gefäße verschließen (z.B. Hirngefäße, was zum Bild eines Schlaganfalls führen kann). Nimmt ein Thrombus diesen Weg durch ein offenes Foramen ovale, spricht man von einer **paradoxen Embolie**.

13.3.9 Herzklappen

Die vier Herzklappen sind **Differenzierungen des Endokards** und liegen in der **Ventilebene**.

Segelklappen (= Valva cuspidalis)		- Sie bestehen aus gefäßfreien, segelartigen Bindegewebsplatten (**Cuspis**), mit zahlreichen Nervenfasern. - Systole: Das Blut drückt gegen die Segel, die sich daraufhin dicht zusammenlagern. **Sie verschließen so das Ostium atrioventriculare**. Ein Durchschlagen dieser Bindegewebsplatten in den Vorhof verhindern die **Mm. papillares**, an denen sie über Sehnenfäden (**Chordae tendineae**) aufgehängt sind. Ein Papillarmuskel verspannt dabei zwei benachbarte Segel.
	Trikuspidalklappe	- Liegt zwischen rechtem Vorhof und rechter Kammer. - Besteht aus 3 Bindegewebsplatten: **Cuspis anterior, posterior** und **septalis**. - Besitzt 3 Papillarmuskeln: **M. papillaris anterior, posterior** und **septalis**.
	Mitralklappe = Bikuspidalklappe	- Liegt zwischen linkem Vorhof und linker Kammer. - Besteht aus 2 Bindegewebsplatten: **Cuspis anterior** und **posterior**. - Besitzt 2 Papillarmuskeln: **M. papillaris anterior** und **posterior**.
Taschenklappen (= Valva semilunaris)		- An den abführenden Gefäßwänden entspringen 3 halbmondförmige, membranartige Gebilde, deren freie Ränder nach oben ragen. Dadurch bilden sie mit der Wand des Gefäßes Taschen. - Diastole: Die Taschen füllen sich mit dem einströmenden Blut und werden dadurch aneinandergedrückt. Da sie durch knötchenförmige Verdickungen (= **Noduli**) an den Rändern verdickt sind, schließen sie dicht ab und **verhindern den Rückstrom von Blut aus den abführenden Gefäßen in die Kammer**.
	Pulmonalklappe	- Entspringt aus der Wand des **Truncus pulmonalis**. - Besteht aus **Valvula semilunaris posterior, dextra** und **sinistra**.
	Aortenklappe	- Entspringt aus der Wand der **Aorta**. - Besteht aus: **Valvula semilunaris anterior, dextra** und **sinistra**.

Tabelle 68: Herzklappen

13.4 Bauchsitus

13.4.1 Omentum majus

- Das große Netz ist eine Bauchfellduplikatur und entsteht aus dem Mesogastricum dorsale.
- Es gliedert sich in:
  - **Lig. gastrocolicum**: Spannt sich zwischen der **Curvatura major** des Magens und der **Taenia omentalis des Colon transversum** aus. An seiner Umschlagstelle verlaufen auf dem Magen die Aa. und Vv. gastroomentales dextra et sinistra.
  - "**Schürzenteil**", der sich dann als **Lig. gastrosplenicum** zur Milz fortsetzt.

13.4.2 Omentum minus

- Das **Omentum minus** (= kleine Netz) spannt sich zwischen Leber und Magen aus (Bauchfellduplikatur).
- Es entsteht aus dem ventralen Mesogastricum.
- Es bildet die Vorderwand der Bursa omentalis.
- Es ist befestigt an der kleinen Kurvatur des Magens, dem Anfang des Duodenums und der Leber.
- Es gliedert sich in:
  - **Lig. hepatogastricum**: Einer kräftigen oberen Portio densa schließt sich kaudal eine Portio flaccida an.
  - **Lig. hepatoduodenale**: Unter seinem freien Rand verlaufen:
    - Ductus choledochus
    - Pfortader
    - A. hepatica propria

13.4.3 Bursa omentalis

- Sie wird vom Omentum minus begrenzt und ist von der Bauchhöhle über das **Foramen omentale** zugänglich.
- Sie gliedert sich in:
  - **Vestibulum bursae omentalis** (Vorraum)
  - **Recessus superior omentalis** (geht in der Nische zwischen V. cava inferior und Oesophagus bzw. Kardia vom Vestibulum ab)
  - **Großer Hauptraum** (hinter dem Magen und dem Omentum minus)
  - **Recessus splenicus** (begrenzt durch die Milzbänder)
  - **Recessus inferior omentalis** (liegt zwischen dem Magen und dem Colon transversum)

13.4.4 Truncus coeliacus

- Der Truncus coeliacus wird auch **Tripus Halleri** genannt.
- Er entspringt am Hiatus aorticus und wird bedeckt vom Peritoneum parietale und der Bursa omentalis.

Äste	**Weitere Äste**		**Versorgungsgebiet**
A. gastrica sinistra			Zieht zur Curvatura major des Magens.
	Rr. oesophageales		Versorgt den abdominalen Oesophagusabschnitt
A. hepatica communis			
	A. hepatica propria		
		A. gastrica dextra	Zieht zur Curvatura minor des Magens
		R. dexter (A. cystica)	Versorgt die Gallenblase
		R. sinister	Versorgt den Lobus sinister der Leber
		R intermedius	Versorgt den Lobus quadratus der Leber
	A. gastroduodenalis		Entspringt hinter dem Bulbus duodeni
		A. pancreaticoduodenalis superior posterior	Versorgen den Dünndarm
		Aa. retroduodenalis	
		A. pancreaticoduodenalis superior anterior	
		A. gastroomentalis dextra	Ziehen zur Curvatura major des Magens
A. splenica			Zieht durch das Lig. splenorenale zum Milzhilum
	Rr. pancreatici		Versorgen das Pankreas
	A. pancreatica dorsalis		
	A. pancreatica magna		
	A. caudae pancreatis		
	A. gastroomentalis sinistra		Zieht zur Curvatura major des Magens
	Aa. gastricae breves		Versorgen den Magenfundus

Tabelle 69: Truncus coeliacus

14 13. Tag

14.1 Kopf

14.1.1 Kopfganglien

- Die parasympatischen Ganglien schalten vom präganglionären auf das postganglionäre parasympathische Neuron um.
- Sie besitzen eine sensible und eine sympathische Wurzel, die die Funktion des postganglionären Neurons modulieren können.
- Zu den vegetativen Kopfganglien zählen:

Ganglion	Lage	Sensible Wurzel	Parasympathische Wurzel	Sympathische Wurzel	Parasympathische Versorgungsgebiete
Ganglion ciliare	Im hinteren Teil der Orbita lateral des N. opticus	Radix nasociliaris (Radix longa)	N. oculomotorius (aus dem Edinger-Westphal -Kern)	Plexus ophthalmicus	M. ciliaris und M. sphincter pupillae
Ganglion pterygo-palatinum	Liegt in der Fossa pterygopalatina dem N. maxillaris an	Nn. ganglionares aus dem N. maxillaris	N. petrosus major (ein Ast des N. intermediofacialis)	N. petrosus profundus	Tränendrüsen, Nasendrüsen, Gaumendrüsen
Ganglion oticum	Unterhalb des Foramen ovale medial des N. mandibularis	N. mandibularis	N. petrosus minor (über die Jacobson-Anastomose)	Plexus der A. meningea media	Gl. parotidea
Ganglion subman-dibulare	Oberer Rand der Gl. subman-dibularis	N. lingualis	Chorda tympani (stammt aus dem N. intermediofacialis)	Plexus der A. facialis	Gl. submandibularis und Gl. sublingualis

Tabelle 70: Vegetative Kopfganglien

14.2 Hals

14.2.1 N. laryngeus superior

- Er stammt aus dem **N. vagus** (Hirnnerv X).
- Er zweigt unterhalb des Ganglion inferius nervi vagi ab.
- Er verläuft medial der A. carotis interna und den Ästen der A. carotis externa.
- Äste:
    - **R. externus**: motorisch, zieht mit der **A. thyroidea superior** zum **M. cricothyroideus**. Der M. cricothyroideus ist somit der einzige innere Kehlkopfmuskel, der nicht vom N. laryngeus inferior versorgt wird.
    - **R. internus**: verläuft kraniomedial der A. thyroidea superior und durchbricht die **Membrana thyroidea** (zusammen mit der **A. laryngea superior**) in Richtung Kehlkopfschleimhaut.

14.2.2 A. laryngea superior

- Sie ist ein Ast der A. thyroidea superior (dem 1. Ast der A. carotis externa).
- Sie versorgt den Larynx bis zur Rima glottidis.

14.2.3 Membrana thyrohyoidea

- Sie befestigt das Zungenbein und die gesamte Ausdehnung des oberen Randes der Cartilago thyroidea. Sie bildet die Aufhängung des Kehlkopfes am Zungenbein.
- Ihre mittige Verstärkung bildet das **Lig. thyrohyoideum mediale**.
- Ihre äußeren Verstärkungszüge bilden die **Ligg. thyrohyoidea lateralia**.
- Sie besitzt beiderseitig Öffnungen für die **A.** und **V. laryngea superior** und den **R. internus des N. laryngeus superior**.

14.2.4 Infrahyale Muskulatur

	Ursprung	Ansatz	Funktion	Nerv	Gefäße
M. sterno-hyoideus	- **Manubrium sterni**	**Corpus ossis hyoidei**	- **Senkung** des Zungenbeins	**Ansa cervicalis profunda**	**A. laryngea superior** (aus der A. thyroidea superior)
M. sterno-thyroideus	- **Manubrium sterni** - **1. Rippe**	**Linea obliqua** der Cartilago thyroidea	- **Senkung** des Kehlkopfes		
M. thyro-hyoideus	- **Linea obliqua** der Cartilago thyroidea	**Corpus ossis hyoidei**	- **Senkung** des Zungenbeins - **Hebung** des Kehlkopfes	**C2**	
M. omo-hyoideus	- **Venter superior**: Corpus ossis hyoidei - **Venter inferior**: Lig. transversum scapulae	Beide Bäuche sind über eine **Zwischensehne** vereinigt. Diese ist über die Lamina praetrachialis der Fascia cervicalis mit der Vagina carotica verbunden.	- Senkung des Zungenbeins - **Anspannen** der **Lamina prae-trachialis** - Offenhalten der V. jugularis ext.	**Ansa cervicalis profunda**	

Tabelle 71: Infrahyale Muskulatur

14.2.5 Articulatio sternoclavicularis

- Die schlaffe Gelenkkapsel enthält einen **Discus articularis** und wird durch die Ligg. sternoclaviculares anteriores und posteriores verstärkt.
- Die Gelenkflächen sind mit **Faserknorpel** überzogen.
- Es ist ein Kugelgelenk mit eingeschränkter Drehbewegung. Möglich sind
  - **Vor-** und **Rückwärtsführung** des distalen Klavikulaendes um je 30°.
  - **Senkung** (5°) und **Hebung** (55°).
  - **Kreiselbewegungen** um die longitudinale Achse der Klavikula um 35° (Schwenken des Schulterblattes).

14.2.6 Nn. laryngei recurrentes

- Sie gehen vom **N. vagus (Hirnnerv X)** ab, bevor dieser die Trunci vagales bildet.
- Verlauf:
  - links: ziehen sie um den Aortenbogen nach dorsal.
  - rechts: ziehen sie um die A. subclavia dextra nach dorsal.
  - rechter und linker Anteil ziehen zwischen Trachea und Oesophagus zum Kehlkopf zurück und bilden den unpaaren **N. laryngealis inferior**.
- Äste sind die **Rr. tracheales** und die **Rr. oesophageales**.

14.2.7 Glandula thyroidea

- Die Schilddrüse besteht aus zwei seitlich des Kehlkopfes angeordneten **Lobi**, die über einen Mittelteil (**Isthmus**) miteinander verbunden sind.
- Umgeben wird sie von einer doppelten Organkapsel, deren äußerste Schicht (**Capsula fibrosa**) derb ist.
- Von der inneren Organkapsel ziehen Septen ins Innere und unterteilen die Lobi in **Lobuli**.
- Dort umgibt dann **retikuläres Bindegewebe** die Schilddrüsenfollikel (**Folliculi**). Dieses Parenchym ist reich an gefensterten Blutgefäßen und an Lymphgefäßen und Nerven.
- Entwicklungsgeschichtlich stammt sie aus dem **Ektoderm** des Bodens des Kiemendarms.

14.3 Brustsitus

14.3.1 Trunci vagales

- In der Tunica adventitia des Oesophagus bildet der N. vagus ein Geflecht (**Plexus oesophagealis**). Es wird vom linken und rechten N. vagus gebildet.
- Aus diesem Geflecht geht ein **Truncus vagalis anterior** und ein **Truncus vagalis posterior** hervor, die den Oesophagus noch durch den **Hiatus oesophageaus diaphragmatis** in die Bauchhöhle begleiten.

14.3.2 Aorta thoracica

Pars thoracica aortae (Pars descendens aortae)			- Sie zieht zum Hiatus aorticus und gelangt in ihrem Verlauf von der linken in eine mittige Lage vor dem Wirbelkörper und hinter den Oesophagus
	paarige parietale Äste	**Aa. intercostales posteriores II-XI**	- Versorgen die Leibeswand und das Rückenmark
		A. subcostalis	- = A. intercostalis posterioris XII
		Aa. phrenicae superiores	- Versorgen die Oberseite der Pars lumbalis diaphragmaticae
	unpaare viszerale Äste	Rr. bronchiales	- Nutritive Lungengefäße
		Rr. oesophageales	- Versorgen den Oesophagus
		Rr. pericardiaci	- Versorgen die Hinterwand des Herzbeutels
		Rr. mediastinales	- Versorgen die Organe im Mediastinum

Tabelle 72: Verlauf der Aorta thoracica

14.3.3 Truncus sympathicus

- Die thorakalen Grenzstrangganglien liegen in der Fascia endothoracica unter der Pleura parietalis.

14.3.4 Ductus thoracicus

- Er entsteht durch den Zusammenfluß zahlreicher Lymphgefäße unterhalb des Zwerchfells. Die Lymphe sammelt sich dort zunächst in der **Cisterna chyli**. Er durchdringt das Zwerchfell mit der Aorta und zieht rechts neben ihr nach kranial.
- Seine Bezeichnung als „Milchbrustgang" geht auf die falsche Annahme der ersten Anatomen zurück, dieses Gefäß transportiere bei der Frau die Muttermilch zur Brustdrüse. (Die Lymphe erscheint nämlich nach Mahlzeiten durch den hohen Anteil an Chylomikronen weißlich.)
- Er mündet unterhalb der Klavikula von hinten in den **linken Venenwinkel**, wobei er sich zu einer Ampulle verdickt. Diese Ampulle kann post mortem mit Blut gefüllt sein und mit einer Vene verwechselt werden.

14.3.5 V. azygos und V. hemiazygos

- Beide verlaufen neben der Wirbelsäule nach kranial. Die **V. azygos** liegt auf der rechten, die **V. hemiazygos** auf der linken Seite der Wirbelsäule.
- Die V. hemiazygos mündet über eine oder mehrere Anastomosen im Bereich des 7. bis 9. Thorakalwirbels in die V. azygos. Die V. azygos selbst mündet in die **V. cava superior**.

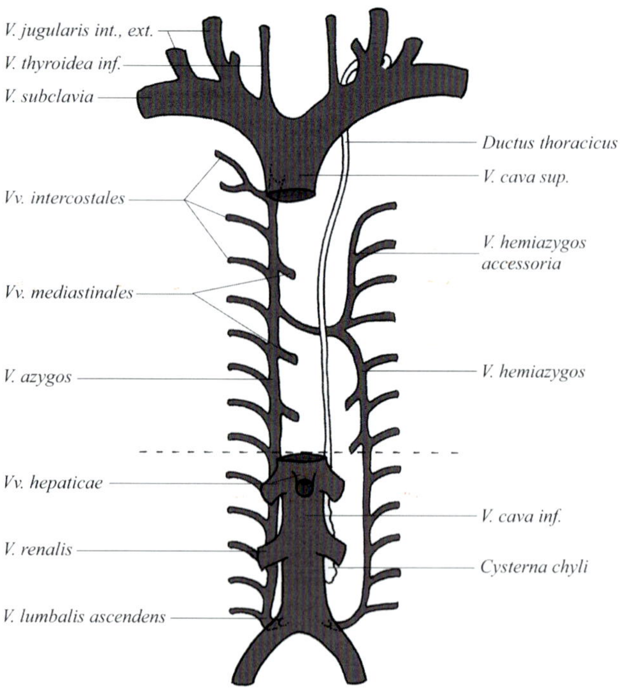

Abbildung 12: V. azygos und V. hemiazygos

14.4 Bauchsitus

14.4.1 V. portae hepatis

Sie bildet sich **hinter dem Pankreaskopf** aus den Zuflüssen der unpaaren Bauchorgane.

Zufluß	Erhält Zuflüsse aus	Abflußgebiet
V. splenica		Entsteht am Milzhilum
	Vv. pancreaticae	Pankreas
	Vv. gastricae breves	Magenfundus
	V. gastroomentalis sinistra	Curvatura magna
V. mesenterica inferior		Mündet z.T. auch in die V. splenica
	V. colica sinistra	Colon ascendens
	Vv. sigmoideae	Colon sigmoideum
	V. rectalis superior	Rektum
V. mesenterica superior		
	Vv. jejunales et ileales	Jejunum und Ileum
	V. gastroomentalis dextra	Curvatura magna
	Vv. pancreaticae	Pankreas
	Vv. pancreaticoduodenales	Pankreas und Duodenum
	V. ileocolica	Dickdarm (über **V. appendicularis, V. colica dextra, V. colica media**)

Tabelle 73: Bildung der V. portae hepatis

14.4.2 Caecum

- Das Caecum liegt unterhalb der Einmündung des Ileums in einer der folgenden Variationen vor:
  - **Caecum fixum**: Mit der Bauchwand verwachsen (sekundär retroperitoneal).
  - **Caecum mobile**: Mit einer unvollständigen Verbindung zwischen dem Peritoneum viscerale des Zäkums und dem Peritoneum parietale.
  - **Caecum liberum**: Falls ein Mesocaecum ausgebildet ist.

14.4.3 Valva iliocaecalis

- Am Übergang vom Ileum in den Colon (= **Ostium ileocaecale**) verhindern innen zwei Schleimhautfalten (= **Valvae ileocaecales**) einen Rückfluß von Dickdarminhalten ins Ileum.
- Sie setzen sich seitlich in ein Frenulum valvae ileocaecalis fort.

14.4.4 Papilla duodeni major

- Der **Ductus pancreaticus** und der **Ductus choledochus** münden gemeinsam in der Pars descendens duodeni in der Papilla duodeni major (= Papilla vateri).

14.4.5 Extrahepatische Gallengänge

- In der Porta hepatis fließen die Ductus hepaticus dexter et sinister zum **Ductus hepaticus communis** zusammen.
- Aus dem Ductus hepaticus communis gehen ab:
  - der **Ductus cysticus** zur Gallenblase.
  - der **Ductus choledochus** zum Duodenum, wo er in der Papilla duodeni major mündet. Vor der Mündung liegt der **M. sphincter ductus choledochus**.

15 Embryologische Kenntnisse für das 2. Testat

Übersicht der Inhalte des 2. Testates

- Entwicklung des Magen-Darm-Traktes einschließlich der große Darmdrüsen
- Entwicklung des Zwerchfells
- Lungenentwicklung
- Entwicklung der serösen Höhlen (siehe Seitenplattenmesoderm 1. Abschnitt)
- Entwicklung von Herz und Kreislauf

15.1 Das Entoderm

15.1.1 Oberer / mittlerer Abschnitt des Entodermrohrs

Das Entodermrohr wird von kranial nach kaudal wie folgt unterteilt:

Bukkopharyngealmembran (kranial)
- Vorderdarm
- Mitteldarm: Verbindung zum Dottersack über den *Ductus omphaloentericus* (Nabel!)
- Hinterdarm

Kloakenmembran (kaudal)

Durch Ruptur der Membranen wird eine Verbindung nach außen geschaffen.

Das Entodermrohr ist von Splanchnopleuramesoderm umgeben, in das Neuralleistenzellen einwandern (→ intramurale Nervenplexus).
Durch Erhöhung der Proliferation von entodermalen Zellen kommt es zu Aussackungen, aus denen sich z. B. die Bauchorgane entwickeln. Ob die Verbindung zum Entodermrohr erhalten bleibt oder nicht hat Konsequenzen für die spätere Funktion:
- exokrine Drüsen: bleiben mit dem Entodermrohr verbunden
- endokrine Drüsen: verlieren die Verbindung
- Hohlorgane: finden einen neuen Anschluss

15.1.2 Unterer Abschnitt des Entodermrohrs

Allantois: nach ventral ziehender Ausläufer in die Nabelschnur hinein; nach Obliteration wird der bindegewebige Strang Urachus genannt, der die Plica umbilicalis mediana aufwirft.
Die Allantois hat bei Vögeln und Reptilien eine wichtige Funktion: als Sammelblase für Urin/Stoffwechselprodukte und hilft beim Gasaustausch.

15.1.3 Histologie des Darmrohrs

1. Entoderm: Lamina epithelialis
2. Splanchnopleura: Tunica muscularis
3. Neuralleistenzellen: intramurale Nervenplexus

15.1.4 Derivate des Entodermrohres

- Speicheldrüsen
- Pharynx – Larynx
- Schilddrüse
- Ösophagus
- Magen
- Duodenum
- Jejunum, Ileum, Kolon, Appendix vermiformis
- Leber
- Gallenblase
- Pankreas
- Milz

Speicheldrüsen

Die Herkunft der Speicheldrüsen kann nicht eindeutig dem Entoderm oder dem Ektoderm zugeordnet werden. Ein primäres Signal aus dem Mesenchym führt zur Epithelialisierung und zu sekundärer Ausbildung eines Lumens. Dabei spielen auch epithelio-mesenchymale Interaktionen eine Rolle.

Larynx und Lunge

Aus einer ventralen Ausstülpung des Entodermrohrs, der Laryngotrachealrinne, entstammt die epitheliale Auskleidung von Rachen, Kehlkopf und Lunge. Glatte Muskulatur und Knorpel werden aus dem umgebenden Mesoderm gebildet. Die Laryngotrachelrinne entwickelt sich zum Tracheobronchialdivertikel (=Lungenknospe).
Eine bindegewebige Scheidewand, das Oesophagealseptum, trennt Darmrohr und Lungendivertikel.

Durch dichotome Verzweigungen der Lungendivertikel (‚Baum') entstehen: Hauptbronchen, Lappenbronchen, Segmentbronchen usw.
Die Gänge sind von Splanchnopleuramesoderm umgeben.

- pseudoglanduläres Stadium
- Kanalisierung → kanalikuläres Stadium: Kapillarisierung
  - *TypII – Zellen*: Stammzellen (des Alveolarepithels), bilden Surfactant
    TypI – Zellen: terminal differenziert.
- Terminalsackstadium: weiterhin Verzweigungen, weniger distales Wachstum: Terminalsäcke
- Alveolen entstehen zum großen Teil erst nach der Geburt (etwa im 8. LJ abgeschlossen!)

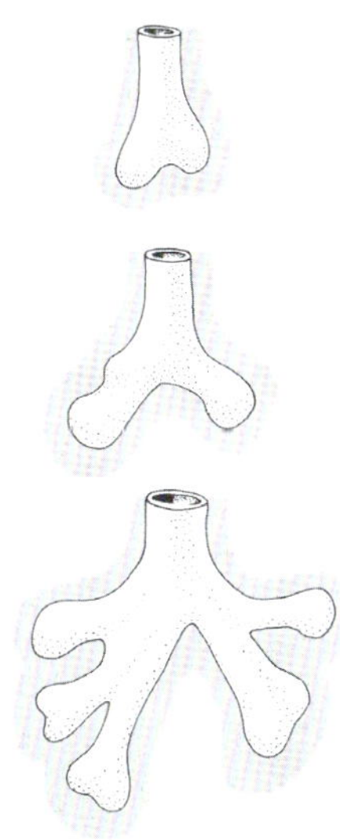

<u>Fehlentwicklung der Lunge</u>

- Oesophagotrachelfisteln: fehlerhafte Entwicklung des Septum oesophagotracheale
- Agenesie / Aplasie der Lunge

Abbildung 13: Dichotome Verzweigung

Ösophagus

Der dorsal gelegene Oesophagus wird durch das Oesophagealseptum von der ventralen Trachea- und Lungenanlage getrennt. Im Verlauf der Entwicklung verlängert sich der Ösophagus erheblich.
Die quergestreifte Muskulatur in den oberen Anteilen der Wand entstammt den Somiten, die glatte Muskulatur aus umgebendem Mesenchym.

Begriffserklärung: Entwicklung des Zwerchfells

Die Zölomhöhle wird durch das Einwachsen mehrerer Strukturen, die zusammen das Zwerchfell bilden, in die Pleura- und Peritonealhöhle unterteilt.

- *Septum transversum* von ventral (vereinigt sich mit dorsalem Mesenterium des Ösophagus)
- Membrana pleuroperitonealis (Pleuroperitonealfalte) → wächst von dorsolateral auf das Septum transversum zu
- einwachsende Muskulatur aus der Rumpfwand
    - Anlage auf Höhe des 4. Zervikalsomiten (daher N. phrenicus, C3-C5!, „three, four, five keep the diaphragm alive"), später Deszensus

Magen

Der Magen entsteht als Auftreibung des kaudalen Vorderdarms (dorsal stärker). Die Anlage ist durch ein ventrales und dorsales Mesogastrium mit der Körperwand verbunden. Die endgültige Lage des Magens entsteht durch eine

- *Drehbewegung*: (Ursache: unterschiedliche Wachstumsgeschwindigkeiten in den Magenteilen)
    - um 90° im Uhrzeigersinn um eine kranio-kaudale Achse
    - noch mal um 90° um eine dorso-ventrale Achse
        - daher: Mageneingang links, -ausgang rechts
        - daher Lage N. vagus ventral/dorsal (und nicht lateral)

Begriffserklärung: Mesenterien

Die Mesenterien sind Derivate des Splanchnopleura (Teil des Seitenplattenmesoderms). Unterschieden wird zwischen dem

- oberen Teil der Bauchhöhle: dorsales UND ventrales Mesenterium
  und
- unteren Teil der Bauchhöhle: nur ein dorsales Mesenterium (dort keine Anlage ventraler Mesenterien)

Aus dem Mesenterium dorsale primitivum entstehen:
Mesogastrium dorsale, Mesoduodenum dorsale, Mesojejunum, Mesoileum, Mesocolon, Mesorectum

Gefäße treten aus der verschmolzenen Aorta im Retroperitonealraum nach ventral in das Bindegewebe des Mesenterium dorsale ein und ziehen zum Entodermrohr

Mesogastrium

Mesogastrium ventrale
- Omentum minus (Lig. hepatogastricum, Lig. hepatoduodenale)

Mesogastrium dorsale
- Lig. gastrosplenicum
- Omentum majus
    - dorsale Pankreasanlage, Anlage der Milz

Anmerkung: Das Lig. falciforme hepatis und Lig. teres hepatis (Nabelvene) wurden fälschlicherweise als Mesogastrium ventrale bezeichnet: in Wirklichkeit eine Neubildung der ventralen Rumpfwand

Begriffserklärung: Bursa omentalis

Im dorsalen Mesogastrium dorsale treten Spalten auf, die zu einem *Recessus pneumato-entericus* zusammenfließen. (rechter bleibt erhalten, linker bildet sich zurück)
Der Recessus pneumato-entericus: wird kaudal in die Peritonealhöhle geöffnet, vergrößert sich: bildet die Bursa omentalis

Begriffserklärung: Recessus

Recessus sind Bauchfelltaschen oder Bauchfellfalten. z. B. wird der Recessus ileocaecalis superior durch die Plica caecalis vascularis hervorgerufen, die von der A. ileocolica geformt wird.

weitere Recessus: R. duodenalis sup./inf; R. ileocaecalis sup./inf., R. retrocaecalis usw.

Duodenum

Das Duodenum entstammt dem kaudalem Vorderdarm und Anfang des Mitteldarms.
- Schleifenbildung, Verlagerung auf rechte Seite
- Darmzottenbildung erst im Duodenum, dann Jejunum, dann Ileum
    - dabei: Entwicklung der Glandulae intestinales (Lieberkühn)

Jejunum, Ileum, Kolon, Appendix vermiformis

- sind mit einem dorsalen Mesenterium an der hinteren Leibeswand befestigt.
- besitzen KEIN ventrales Mesenterium
- Proliferation, Schleifenbildung (da das Darmrohr schneller wächst als die Peritonealhöhle), kein Platz – also Auslagerung: *physiologischer Nabelbruch*
- *Drehung um 270°* um die A. mesenterica superior gegen den Uhrzeigersinn
- Auflagerung einer weiteren Bauchfellduplikatur auf die sekundär retroperitoneal liegenden Duodenumabschnitte (durch Drehung und Verlagerung z.B. des Colon ascendens nach rechts).
- *Mesocolon transversum* heftet sich unterhalb des Magens an. Das Omentum majus wächst wie eine Schürze nach vorne.
- Kolon: Zotten vor der Geburt; Resorption des geschluckten Fruchtwassers
- Appendix: Aussackung des Zäkums

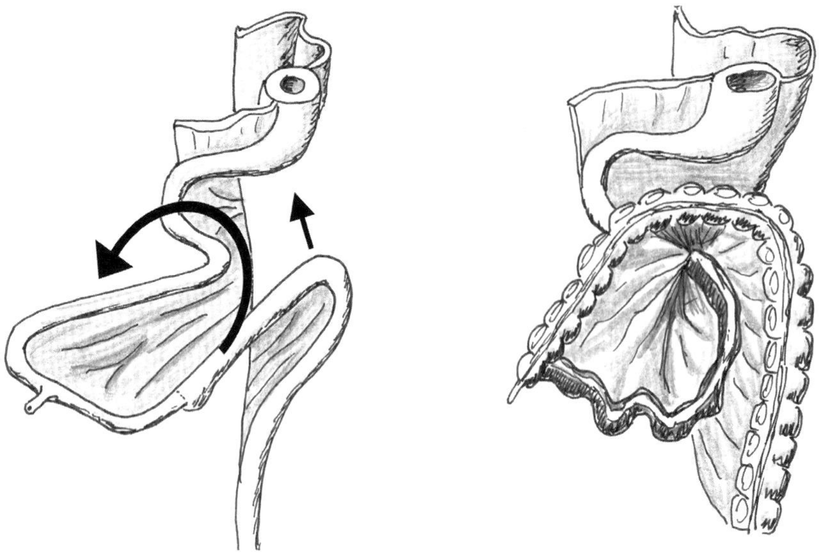

Abbildung 14: Darmdrehung

Leber

Leber, Gallenblase, Pankreas und Milz entstehen aus dem kaudalen Vorderdarm. Dort bilden sich 3 Divertikel nach ventral aus (in kraniokaudaler Abfolge) als Anlage für:

- Leber (gegenüber: dorsale Pankreasanlage)
- Gallenblase
- Pankreas (ventraler Teil)

- dichotome Verzweigung des Leberdivertikels in das Splanchnopleuramesoderm (baumartig – Leberstränge)
- wächst sehr schnell
- Area nuda: aus dem Teil, der in das dorsale Nebengekröse einwächst. Nicht mit Peritoneum überzogen.
- aus den distalen Lebersträngen (enges Lumen) entwickeln sich die Gallenkanalikuli; die proximalen werden zu Gallengängen
- Histologie:
    - Splanchnopleura: Endothelzellen
    - Entoderm: Hepatozyten
    - Kupffer-Stern-Zellen: monozytäre Zellen (eingewandert?)

Funktion

- Blutbildung (zusammen mit der Milz; mittleres Schwangerschaftsdrittel)!
- Produktion von Galle; Glykogenstoffwechsel

Exkurs: HGF

= hepatocyte growth factor = scatter factor

Bei der Leberentwicklung spielt unter anderem HGF eine Rolle (aber nicht nur hier!). HGF stimuliert die Proliferation und Differenzierung von Leberzellen. HGF ist Ligand für den Tyrosinkinaserezeptor c-met.

Gallenblase

Die Gallenblase geht aus einem gemeinsamen Divertikel mit der Leber hervor (kaudal). Sie liegt daher unter der Leber und daraus erklärt sich auch die Verbindung zu Darmrohr und Leber.

Pankreas

Das Pankreas wird paarig angelegt und entsteht aus der Verschmelzung der ventralen und dorsalen Pankreasdivertikel.

- Drehung des Pankreas um das Darmrohr: beide Anlagen verlagern sich nach links und verschmelzen miteinander
- Ductus pancreaticus: proximaler Anteil aus der ventralen, der distale Anteil aus dem dorsalen Divertikel
- Ductus pancreaticus accessorius: persistiert, wenn der proximale Anteil der dorsalen Anlage nicht obliteriert.
- dichotom verzweigendes Gangsystem:
    - Spitzen bilden die exokrinen Azini
    - durch Abschnürung: endokrine Zellen der Langerhans-Inseln
- viszerales Peritoneum an der Hinterwand verschmilzt mit parietalem Peritoneum → sekundär retroperitoneal

Milz

Die Milz wird aus einer Verdickung im dorsalen Mesogastrium gebildet.

- Einwanderung von Zellen aus dem Zölomepithel
- starke Vaskularisierung, Verschmelzung der einzelnen Kondensationen
- Milz ein Derivat des Serosaepithels?

15.1.5 Pathologische Darmentwicklung

- *ektopische* Magenschleimhaut: Geschwüre, z. B. im *Meckel-Divertikel*
- *Situs inversus*: spiegelbildliche Transposition von Organen (z. B.: beim Immotile-cilia-Syndrom)
- *persistierender physiologischer Nabelbruch(a) / Gastroschisis(*b): Teile des Darms liegen außerhalb der Leibeshöhle. Ursache: keine Retraktion der Darmschlingen(a) / keine Ausbildung der Leibeswand(b)
- (Duodenal-/ Oesophageal) *Atresien* des Darmrohrs: Verklebung des Darmrohrepithels→ Verschluss; Folge: *Hydramnion*
- *Meckel-Divertikel:* persistierende offene Verbindungen (Darm-Nabel) oder Dünndarmaussackung; Entzündungen...
- *Fisteln* (unvollständige Trennung der Septen Ösophagus/Trachea; Rektum/Sinus urogenitalis)
- *Megacolon congenitum: (M. Hirschsprung):* fehlende oder ungenügende Einwanderung von Neuralleistenzellen: kein Darmtonus + Peristaltik

15.2 Herzentwicklung

15.2.1 Frühentwicklung

In einer Mesenchymplatte, die rostroventral der Bukkopharyngealmembran liegt, werden Angioblasten gebildet, die proliferieren. Daraus bilden sich Anhäufungen von kleinen Gefäßen. In einem Abschnitt der Zölomhöhle konfluieren die Blutinseln von beiden Seiten und bilden so einen in der Mitte gelegenen Herzschlauch. Zudem kommt es zu einer Verlagerung nach kaudal und ventral und zur Abgrenzung der Perikardhöhle. Temporär ist der Herzschlauch durch ein dorsales Mesokard an der Wand der Perikardhöhle befestigt. Dieses bildet sich jedoch wieder zurück, so dass der Herzschlauch nur kranial und kaudal fixiert ist. Aus dem den Herzschlauch umgebenden Mesoderm entwickelt sich später das *Myokard*. Dies wird durch Mesothelzellen überzogen, woraus das *Epikard* entsteht.

Der Herzschlauch erhält Anschluss:

- nach kranial: an die Pharyngealbogenarterien
- nach kaudal: an die Vv. vitellinae

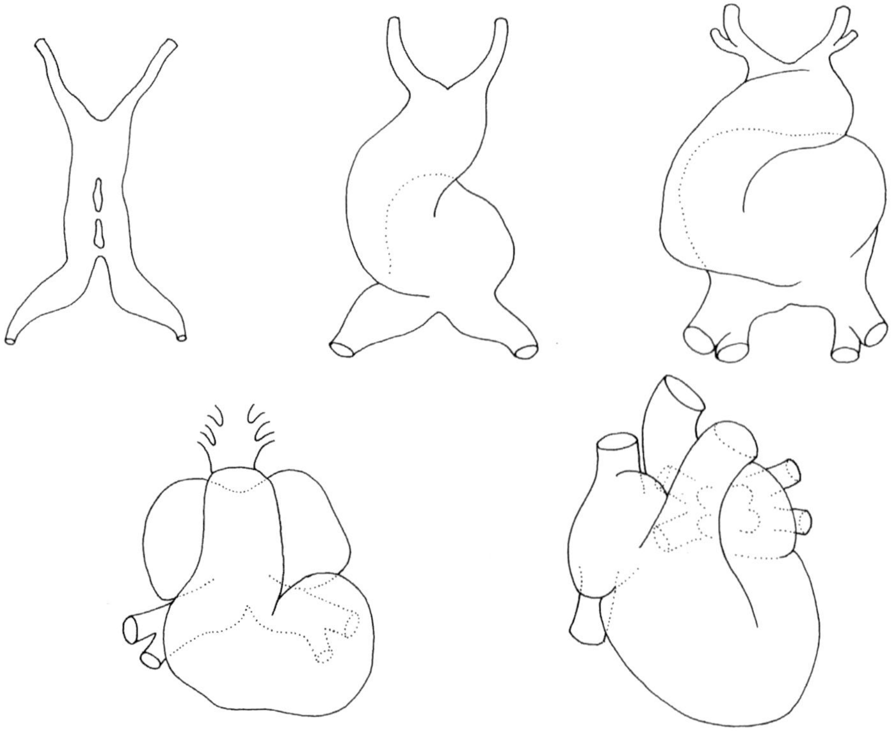

Abbildung 15: Entwicklung des Herzens

15.2.2 Gliederung des Herzschlauches

Nach weiterer Differenzierung gliedert sich der Herzschlauch wie folgt:

1. Sinus venosus
2. Atrium primitivum
3. Ventriculus primitivus
4. Bulbus cordis
5. Truncus arteriosus

In den Sinus venosus münden rechts und links folgende Gefäße:

- Vv. cardinales ant. et post.
- Vv. umbilicales
- Vv. vitellinae

Diese werden entweder später in den Vorhof / V. cava integriert oder obliterieren:

- rechtes Sinushorn + große Teile des Sinus venosus werden in das Atrium aufgenommen. (rechte V. umbilicalis wird zurückgebildet)
- linkes Sinushorn: wird nicht in das Atrium aufgenommen; aus dem proximalen Anteil: Sinus coronarius (distaler Anteil: V. obliqua atrii sinistri)

Aus der Hinterwand des linken Vorhofs sprossen die 4 Lungenvenen aus.

15.2.3 Trennung der Vorhöfe, Kammern, Ein- und Ausflussbahnen

Die Unterteilung der Herzräume erfolgt durch Proliferation von Mesenchym, welches dann aufliegendes Endokard als Trennwand vorschiebt.

- Trennung der Vorhöfe:
  - Septum primum, wächst von kranial in Richtung Endokardpolster, was erst zu keiner vollständigen Trennung führt und so das Ostium primum offen lässt.
  - Das Ostium primum wird dann verschlossen, wobei durch einen Einriss kranial eine neue Öffnung, das Foramen secundum, weiteren Blutfluss zum linken Herz ermöglicht.
  - Später wächst ein Septum secundum unvollständig über das Septum primum und lässt so einen Bereich offen: das Foramen ovale
- Abgrenzung Vorhof-Kammer: Einschnürung des Ohrkanals; oberes, unteres, zwei laterale Endokardkissen
  - Bereits im frühen Stadium mischen sich die Blutströme aus dem rechten und linken Sinushorn nicht. Die Septierung stellt eine Konsolidierung des bereits vorhandenen Zustands dar.
- Trennung der Kammern: Durch Wachstum der Kammern bilden sich Muskelwülste, die schließlich miteinander verschmelzen: „muskuläres Septum". Es bleibt jedoch ein kleiner Bereich offen: das Foramen interventriculare. Dieses wird durch Proliferation des Konusseptums mit Material aus einem Endokardkissen verschlossen: „membranöses Septum".

Die Segelklappen entstehen aus Endokardkissen; die Taschenklappen aus sekundären Endothelwülsten.

16 2. Testat

16.1 Beispiele für mögliche Fragen

- Wie ist der Oesophagus aufgebaut, welche Muskulatur kommt in welchem Abschnitt vor?
- Was sind Oesophagushernien? Wo liegen sie bevorzugt?
- Wie sind die Organe der Körperhöhlen an der Körperwand aufgehängt?
- Was bedeutet es, wenn ein Organ intraperitoneal liegt?
- Wie fließt das Blut im Herzen? Was ist die Ausstrombahn?
- Welche Aufgabe haben die Segelklappen, welche Aufgabe die Taschenklappen?
- Wo liegen die Recessus der Pleurahöhle?
- Was ist Surfactant?
- Wo verläuft der N. vagus im Thorax, wo im Bauchraum, jeweils auf der linken und rechten Seite?
- Welche Gefäße gehen vom Aortenbogen ab, wie verzweigen sie sich weiter?
- Wie sieht der embryonale Kreislauf aus? Was ist der Ductus arteriosus Botalli?
- Wie gliedern sich die linke und die rechte Lunge? Unterschiede?
- Wie fließt das Blut aus den Bauchorganen ab? Aus welchen Bauchorganen gelangt das Blut nicht in die Pfortader?
- Welche Strukturen verlaufen im Lig. hepatoduodenale?
- Wo öffnet sich die Bursa omentalis, welche Strukturen begrenzen sie? Wie bildet sie sich in der Entwicklung?
- Welche Blätter der Serosa sind innerviert?
- Welche Abschnitte des Darms werden wie arteriell versorgt?
- Warum sind Operationen am Pankreas relativ kompliziert?
- Wie entwickelt sich der Darm? Wie die Leber? Wie die Lunge? Wie das Herz?
- Wie verändern die Bauchorgane in der Entwicklung ihre Lage zueinander?
- Welcher Nerv innerviert das Zwerchfell?
- Welche Strukturen treten wo durch das Zwerchfell? Aus welchen Anteilen entsteht das Zwerchfell in der Entwicklung?
- Wo ziehen am Herzen die Herzkranzarterien? Welche Gebiete versorgen sie? Warum ist dies klinisch besonders relevant?
- Wie gelangt die Galle in die Gallenblase?
- Wie sind die Bauchorgane sympathisch versorgt?
- Sind in der Entwicklung Pleura- und Bauchhöhle schon immer getrennt angelegt?
- Wie verändert der Magen je nach Füllungszustand seine Lage?
- Was ist die Area nuda der Leber?
- Wo befindet sich im Regelfall der Blinddarm, welche Lagevarienten sind möglich?
- Wo sammelt sich freies Wasser im Bauchraum beim liegenden, wo beim stehenden Patienten?
- Wie ändern sich die Lageverhältnisse der Darmabschnitte vom Zäkum bis zum Rektum?
- Was ist der Truncus coeliacus?

Das Wichtigste: Strukturen müssen am Präparat **gezeigt** werden können!

17 15. Tag

17.1 Retrositus und kleines Becken

17.1.1 Niere

- Die Nieren sind bohnenförmig (10-12 cm lang) und zeigen:
  - eine **Extremitas inferior** und eine **Extremitas superior**.
  - eine **Facies anterior** und eine **Facies posterior**.
  - eine **Margo medialis** und eine **Margo lateralis**.
- Die rechte Niere ist kleiner und liegt tiefer. Die Nieren werden von einer Capsula fibrosa umgeben.
- Das **Hilum renale** liegt an der Margo medialis und setzt sich innen in den **Sinus renalis** fort, der das Nierenbecken (Pelvis renalis) beinhaltet.
- Die Nierengefäße treten auf der ventralen Seite in den Sinus renalis ein.
- Auf der Nierenrückseite liegen der M. psoas und der M. quadratus lumborum.
- In der Fascia retrorenalis ziehen der **N. subcostalis**, der **N. iliohypogastricus** und der **N. ilioinguinalis**.

17.1.2 A. testicularis und A. ovarica

- Sie zieht auf dem M. psoas und über den Ureter hinweg.
- Beim Mann verläuft sie im Funiculus spermaticus, bei der Frau im Lig. suspensorium ovarii.
- Sie versorgt **Hoden** oder **Ovar**.

17.1.3 V. testicularis und V. ovarica

- Sie entsteht aus dem Plexus pampiniformis.
- Sie mündet **links** in die V. renalis sinistra und **rechts** in die V. cava inferior.

17.1.4 Plexus sacralis

- Er wird von den **Rr. anteriores der Segmente L5-S3** gebildet. Über den **Truncus lumbosacralis** ist auch das **Segment L4** beteiligt, darüber hinaus trägt auch das **Segment S4** zum Plexus sacralis bei.
- Der Plexus sacralis liegt im kleinen Becken und wird von der Fascia pelvis und dem M. piriformis bedeckt. Seine Äste ziehen zum **Foramen ischiadicum majus** zu ihren Durchtrittsöffnungen im Foramen suprapiriforme bzw. infrapiriforme.

Äste		Beschreibung
N. glutaeus superior		- Zieht durch das **Foramen suprapiriforme**. - Versorgt die **Mm. glutaei medius et minimus** und den **M. tensor fasciae latae**.
N. glutaeus inferior		- Zieht durch das **Foramen infrapiriforme**. - Versorgt den **M. glutaeus maximus**.
N. cutaneus femoris posterior		- Zieht durch das **Foramen infrapiriforme**. - Tritt am Unterrand des M. glutaeus maximus hervor und verläuft unter der Fascia lata weiter. - Versorgt die **Haut auf der Rückseite des Oberschenkels und der Kniekehle**.
	Rr. clunium inferiores	- Ziehen um den kaudalen Rand des M. glutaeus maximus. - Versorgen die **Gesäßhaut**.
	Rr. perineales	- Versorgen die **Haut der Dammgegend**.

Tabelle 74: Äste des Plexus sacralis

17.1.5 Innere Hüftmuskeln

	Ursprung	Ansatz	Funktion	Nerv	Gefäße
M. psoas major	- Ventrale Schicht: **Corpus vertebrae** (T12 - L4) und Disci inter-vertebralis - Dorsale Schicht: **Processus costalis** L1 - L5	- **Trochanter minor**	- LWS: **Lateralfexion** - Hüfte: **Beugung**; Innenrotation aus Normalstellung, sonst Außenrotation	**N. femoralis** (Plexus lumbalis)	R. lumbalis der **A. iliolumbalis** (Ast der A. iliaca interna)
M. psoas minor	- **Corpus vertebrae** T12 - L1	- **Fascia iliaca** - **Arcus ilio-pectineus**	- WS: **Lateralfexion**		
M. iliacus	- **Fossa iliaca**	- **Trochanter minor**	- Hüfte: **Beugung**; Innenrotation aus Normalstellung, sonst Außenrotation; Abduktion		R. iliacus der **A. iliolumbalis** (Ast der A. iliaca interna)
M. prirformis	- **Facies pelvica des Os sacrum**	- Spitze des **Trochanter major**	- Hüfte: Abduktion; Außenrotation	**N. piriformis** (Plexus sacralis)	**A. glutealis inferior**
M. obturator internus	- **Membrana obturatoria** - Knöchener Rand des **Foramen obturatum**	- **Fossa trochan-terica**	- Hüfte: Außenrotation	**Plexus sacralis**	

Tabelle 75: Innere Hüftmuskeln

17.1.6 Chorda urachi

- Der Begriff Chorda urachi bezeichnet den **Überrest des Allantoisdivertikels,** das Lig. umbilicale medianum. Dieses wirft auf der Innenseite der Bauchwand die Plica umbilicalis mediana auf.

  - Die Allantois ist eine blinde Ausstülpung des Dottersacks in den Haftstiel. Sie stellt die embryonale Kloake dar.

17.1.7 Trigonum vesicae

- Hierbei handelt es sich um ein **faltenfreies, dreieckiges Gebiet** in der Harnblase zwischen den Mündungen der Ureteren und dem Beginn der Urethra.
- Die Schleimhaut ist in diesem Bereich unverschieblich mit der Muskulatur verwachsen.

17.1.8 Plexus lumbalis

- Er besteht aus den **Rr. anteriores** der Segmente **L1 bis L3**, und zu einem geringen Anteil auch aus den Rr. anteriores der jeweils angrenzenden Segmente.
- Der **Truncus lumbosacralis** stellt die Verbindung zum Plexus sacralis her. Er zieht von L4/L5 zu S1.

Ast	Weitere Äste	Beschreibung
N. iliohypogastricus *IN*		- Verläuft hinter dem M. psoas major, dann auf der Vorderfläche des M. quadratus lumborum hinter der Niere entlang und durchbohrt den M. obliquus internus abdominis medial der Spina iliaca anterior superior.
	R. cutaneus anterior	- Innerviert die **Haut um den äußeren Leistenring**.
	R. cutaneus lateralis	- Verläßt den N. iliohypogastricus über der Crista iliaca und innerviert die **Haut distal des Darmbeinkamms**.
N. ilioinguinalis *INDIEN*		- Verläuft im wesentlichen parallel zum N. iliohypogastricus etwas kaudal. - Versorgt die **Haut des Leistenrings** durch periphere Zweige (**Nn. scrotales anteriores oder Nn. labiales anteriores**).
N. genitofemoralis *GIBT'S*		- Durchbohrt den M. psoas major und läuft auf dessen Oberfläche nach unten und überkreuzt den Ureter (→ Die Schmerzen bei **Uretersteinkoliken** kommen u.a. durch seine Reizung zustande).
	R. genitalis	- Läuft im **Funiculus spermaticus** zum M. cremaster und zum Skrotum oder zu den Labia majores.
	R. femoralis	- Zieht durch die Lacuna vasorum zur Oberschenkelhaut um den Hiatus saphenus.
N. cutaneus femoris lateralis *KEIN*		- Liegt in der Fossa iliaca auf dem M. iliacus und zieht durch die **Lacuna musculorum** zur lateralen Oberschenkelhaut.
N. femoralis (L1 - L4) *FRISCHES*		- Stärkster Nerv des Plexus lumbalis. - Verläuft retroperitoneal zwischen M. psoas major und M. iliacus durch die **Lacuna musculorum**.
	Rr. musculares	- <u>Oben</u>: Ziehen retroperitoneal zum **M. psoas major** und **M. iliacus**, die sie motorisch versorgen. - <u>Unten</u>: Ziehen zum **M. quadriceps femoris, M. sartorius** und **M. pectineus** (letztere zusammen mit dem N. obturatorius).
	Rr. cutanei anteriores	- Ziehen durch die Fascia lata zur **Haut des vorderen medialen Oberschenkels und zum Knie**.
	N. saphenus	- Der rein sensible N. saphenus zieht durch den Adduktorenkanal und erreicht mit der V. saphena magna den medialen Fußrand. - Er gibt den R. infrapatellaris zur **Haut unter der Patella** und die Rr. cutanei cruris medialis **zur Haut an der medialen Fläche von Unterschenkel und Fuß** ab.
N. obturatorius (L2 - L4) *OBST*		- Verläuft am medialen Rand des M. psoas major zum Canalis obturatorius und zur **Adduktorengruppe** am Oberschenkel.
	R. anterior	- Versorgt die Adduktoren. - Sein Endast wird als R. cutaneus bezeichnet und versorgt die **Haut der Innenfläche des Oberschenkels und des Kniegelenks**.
	R. posterior	- Versorgt mit dem N. tibialis zusammen den **M. adductor magnus** und **M. obturator externus**.

Tabelle 76: Plexus lumbalis

17.2 Perineum und Beckenboden

17.2.1 Beckenboden

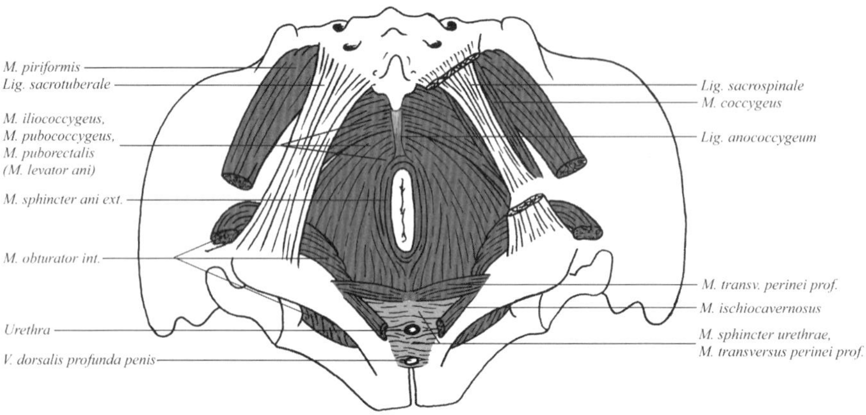

Abbildung 16: Beckenboden von kaudal

- Die Erschlaffung des Beckenbodens (z.B. nach vielen Geburten oder im Alter) ist eine häufige Ursache für Inkontinenz.

17.2.2 M. ischiocavernosus

- Er liegt seitlich in der Regio urogenitalis.
- Er zieht vom Ramus ossis ischii auf den Rücken von Penis oder Klitoris und vereinigt sich dort mit dem Muskel der Gegenseite.

17.2.3 Diaphragma urogenitale

- Es bildet mit dem Diaphragma pelvis den **Beckenboden** und verschließt den **Levatorspalt** von unten.
- Bestandteile:
  - **M. transversus perinei profundus**
  - **M. transversus perinei superficialis**
  - **Fascia diaphragmatis urogenitalis superior**
  - **Fascia diaphragmatis urogenitalis inferior** (= Membrana perinei)
  - **Lig. transversum perinei**
- Hindurch treten:
  - beim Mann: **Urethra**
  - bei der Frau: **Urethra** und **Vagina**

17.2.4 Alcock´scher Kanal

- Der Alcock´sche Kanal (= Canalis pudendalis) liegt in einer **Faszienduplikatur des M. obturator internus** entlang des unteren Schambeinastes.
- Durch ihn ziehen die **Vasa pudenda interna** und der **N. pudendus**.

18 16. Tag

18.1 Hals

18.1.1 Trigonum submandibulare

Grenzen		Strukturen
kranial	Mandibula	- **Gl. submandibularis**: Ihr Ausführungsgang zieht zwischen dem Diaphragma oris und dem M. hyoglossus in die Regio sublingualis. - **A.** und **V. facialis** - **N. mylohyoideus** - **N. hypoglossus**: Liegt unterhalb des M. stylohyoideus und unterhalb des Venter posterior m. digastrici.
kaudal	Os hyoideum	
ventral	Venter anterior m. digastrici	
dorsal	M. stylohyoideus und Venter posterior m. digastrici	
medial	M. mylohyoideus (Grenze zur Regio sublingualis)	

Tabelle 77: Trigonum submandibulare

18.1.2 Ductus submandibularis

- Er ist der **Ausführungsgang** der **Gl. submandibularis**.
- Er verläuft gemeinsam mit dem N. hypoglossus und der V. lingualis zwischen dem M. hyoglossus und dem M. mylohyoideus.
- Er ist auf dem ganzen Weg von Drüsengewebe umgeben (dieses stammt z.T. von der Gl. submandibularis und z.T. von der Gl. sublingualis).
- Er mündet auf der **Caruncula sublingualis** gemeinsam mit dem Ausführungsgang der Gl. sublingualis.

18.1.3 Mundbodenmuskulatur

	Ursprung	Ansatz	Funktion	Nerv	Gefäße
M. mylohyoideus	Linea mylohyoidea der **Mandibula**	- **Raphe mylohyoidea** - **Os hyoideum**	- Bildet das Diaphragma oris - Kieferöffnung - Hebt das Zungenbeins beim Schlucken	**N. mylohyoideus** (aus der Radix motoria V_3)	R. mylohyoideus der **A. alveolaris inferior**
M. geniohyoideus	Spina mentalis der **Mandibula**	- **Corpus ossis hyoidei**	- Zieht das Zungenbein nach vorne	Plexus cervicalis (**C2**)	**A. submentalis** (aus der A. facialis)
M. stylohyoideus	**Processus styloideus**	- **Cornu minor ossis hyoidei** (Der Muskelbauch ist gespalten und umgreift den M. digastricus)	- Hebt das Zungenbein beim Schlucken	R. stylohyoideus des **N. facialis**	

Tabelle 78: Suprahyale Muskeln (ohne M. digastricus)

18.2 Retrositus und kleines Becken

18.2.1 M. levator ani

- Er ist ein wichtiger Bestandteil des **Diaphragma pelvis**.
- Er bildet eine trichterförmige Muskelplatte, die vom Rektum durchbohrt wird.
- An ihm sind die **Beckeneingeweide** fixiert.
- Er gliedert sich in zwei Teile:
  - **Pars pubica** (medialer Anteil):
    - Kranial: **M. pubococcygeus** (Die Fasern ziehen hauptsächlich zum Os coccygis.)
    - Kaudal: **M. puborectalis** (Die Fasern laufen am Rektum vorbei und verbinden sich dort mit den Fasern der Gegenseite zu einer Muskelschlinge. Sie begrenzen außerdem den Levatorspalt, durch den beim Mann die Urethra und bei der Frau Urethra und Vagina hindurchtreten.)
  - **Pars iliaca** (lateraler Anteil): **M. iliococcygeus**
- Er ist beiderseits von einer derben Faszie überzogen (Fascia diaphragmatis pelvis superior bzw. Fascia diaphragmatis pelvis inferior).
- Er wird innerviert von den **Nn. sacrales III-V**.

18.3 Bein

18.3.1 Bursa iliopectinea

- Sie liegt zwischen dem M. iliopsoas und der Gelenkkapsel des Hüftgelenks.
- Sie steht gelegentlich mit der Gelenkkapsel in Verbindung.

18.4 Arm

18.4.1 Hautnerven des Arms

	Dorsal	Medial	Lateral
Oberarm	- **N. cutaneus brachii lateralis inferior**: Hautast des N. radialis - **N. cutaneus brachii posterior**: Hautast des N. radialis	- **N. cutaneus brachii medialis**: langer Hautnerv des Plexus brachialis	- **N. cutaneus brachii lateralis superior**: Endast des N. axillaris - **N. cutaneus brachii lateralis inferior**: Hautast des N. radialis
Unterarm	- **N. cutaneus antebrachii posterior**: Hautast des N. radialis	- **N. cutaneus antebrachii medialis**: langer Hautnerv des Plexus brachialis	- **N. cutaneus antebrachii lateralis**: Ast des N. musculocutaneus

Tabelle 79: Hautnerven des Arms

18.4.2 Epifasziale Hautvenen

- Sie verlaufen im **subkutanen Bindegewebe,** werden aber nicht von entsprechenden Arterien begleitet. Sie bilden untereinander **Netze** und anastomosieren mit den tiefen Venen.

- Sie eignen sich für intravenöse Injektionen und zur venösen Blutentnahme.

Rete venosum dorsale manus	- Venennetz auf dem **Handrücken**. - Mündet in die V. cephalica und V. basilica.
V. cephalica	- Beginnt an der **Dorsalfläche des Daumens**. - Verläuft an der Radialseite des Unterarms durch die **Ellenbeuge** und in den **Sulcus bicipitalis lateralis** des Oberarms. - Vor ihrer Mündung in die **V. axillaris** durchbricht sie im Trigonum clavipectorale die Faszien.
V. basilica	- Bildet sich aus **Venen der Handfläche** und aus **Venen der Ulnarseite** des Unterarms. - Verläuft medial auf der Beugeseite des Unterarms zur Ellenbeuge. - Sie durchbricht in der Mitte des Oberarms die Fascia brachii (im **Hiatus basilicus**). - Sie mündet in eine der **Vv. brachiales**, meist in die mediale.
V. mediana cubiti	- Variable **Querverbindung** zwischen der V. cephalica und V. basilica in der **Ellenbeuge**.

Tabelle 80: Epifasziale Hautvenen

18.4.3 Hautnerven der Hand

Dorsal	Palmar
- **Nn. digitales dorsales des N. radialis**: versorgen die Haut der radialen $2\,^1/_2$ Finger. - **Nn. digitales dorsales des N. ulnaris**: versorgen die Haut der ulnaren $2\,^1/_2$ Finger.	- **Nn. digitales palmares proprii des N. medianus**: versorgen die Haut der radialen $3\,^1/_2$ Finger - **Nn. digitales palmares proprii des N. ulnaris**: versorgen die Haut der ulnaren $1\,^1/_2$ Finger

Tabelle 81: Hautnerven der Hand

18.4.4 Faszien des Armes

Fascia brachii = Oberarmfaszie	- Umhüllt die gesamte Oberarmmuskulatur. - Entsendet zur medialen Humeruskante das **Septum intermusculare brachii mediale** und zur lateralen Humeruskante das **Septum intermusculare brachii laterale**. Dadurch werden die Flexoren von den Extensoren abgegrenzt. - An den Verschmelzungsstellen mit der Oberarmfaszie entsteht jeweils eine längsverlaufende Rinne, die **Sulcus bicipitales medialis et lateralis**.
Fascia antebrachii = Unterarmfaszie	- Umhüllt die gesamte Unterarmmuskulatur. - Im proximalen Bereich ziehen von ihr Bindegewebssepten zwischen die Muskelgruppen und bilden **Gruppenfaszien**. - Sie besitzt auf der Dorsalseite des proximalen Handgelenks verstärkte Faserzüge, die die Sehnen der Extensoren fixieren (**Retinaculum extensorum**).

Tabelle 82: Faszienverhältnisse des Armes

18.4.5 Gefäßnervenstraßen des Oberarms

1.) Fortsetzung der Gefäßnervenstraße der Achselhöhle
- Besteht aus:
  - **A. brachialis**
  - **Vv. brachiales medialis et lateralis**
  - **N. medianus**
  - dem proximalen Abschnitt des **N. musculocutaneus**
  - **N. cutaneus antebrachii medialis**
  - **N. cutaneus brachii medialis**
  - **V. basilica** (epifaszial)
- Verläuft an der **medialen Beugerloge** direkt vor dem Septum intermusculare brachii mediale.
- Liegt dicht unter der Haut und ist operativ über den Sulcus bicipitalis medialis zu erreichen.

2.) Radiale Abzweigung der Gefäßnervenstraße der Achselhöhle
- Besteht aus:
  - **N. radialis**
  - **Aa. collaterales radiales** mit Begleitvenen
  - **A. profunda brachii** mit Begleitvenen
- Beginnt am unteren Rand des M. latissimus dorsi.
- Verläuft im spiralförmigen Radialiskanal an der Dorsalseite des **Humerus** zwischen Caput mediale und Caput laterale des M. triceps brachii.

3.) Ulnare Abzweigung der Gefäßnervenstraße der Achselhöhle
- Besteht aus:
  - **N. ulnaris**
  - **A. collateralis ulnaris superior und Begleitvenen**
- Perforiert das **Septum intermusculare brachii** mediale und verläuft weiter in der Streckerloge.

18.4.6 Übersicht zur Oberarmmuskulatur

Oberarmmuskulatur

Extensoren
M. triceps brachii M. anconaeus

Flexoren
M. biceps brachii M. coracobrachialis M. brachialis

18.4.7 M. triceps brachii

Er gehört zu den Extensoren am Oberarm.

	Ursprung	Ansatz	Funktion	Nerv	Gefäße
Caput longum	- **Tuberculum infraglenoidale**	**Olekranon**	- Schulter: **Adduktion**, Retroversion - Ellenbogen: **Extension**	**N. radialis**	Rr. musculares der **A. brachialis**
Caput laterale	- dorsal am **Humerus** proximal und lateral des Sulcus n. radialis - proximale 2/3 des Septum intermusculare brachii laterale		- Ellenbogen: **Extension**		
Caput mediale	- **Humerus** distal und medial des Sulcus n. radialis - distale 2/3 des Septum intermusculare brachii laterale - Septum intermusculare brachii mediale				

Tabelle 83: M. triceps brachii

18.4.8 Gefäßnervenstraßen des Unterarms

In der Ellenbeuge erfolgt die Verteilung der Gefäße auf 5 Gefäß-Nerven-Straßen:

Gefäßnervenstraße	Leitmuskel	Inhalt
Radiale Gefäßnervenstraße	M. brachioradialis	- **R. superficialis des N. radialis** - **A.** und **V. radialis**
Ulnare Gefäßnervenstraße	M. flexor carpi ulnaris	- **N. ulnaris** - **A.** und **V. ulnaris**
Mittlere Gefäßnervenstraße	M. flexor carpi medialis (nur im distalen Unterarmbereich)	- **N. medianus** - Begleitgefäße
Dorsale Gefäßnervenstraße	M. extensor digitorum	- **R. profundus des N. radialis** - **A.** und **V. interossea posterior**
Interossäre Gefäßnervenstraße	Auf der Membrana interossea antebrachii	- **N. interosseus antebrachii anterior** - **A.** und **V. interossea anterior**

Tabelle 84: Gefäßnervenstraßen des Unterarms

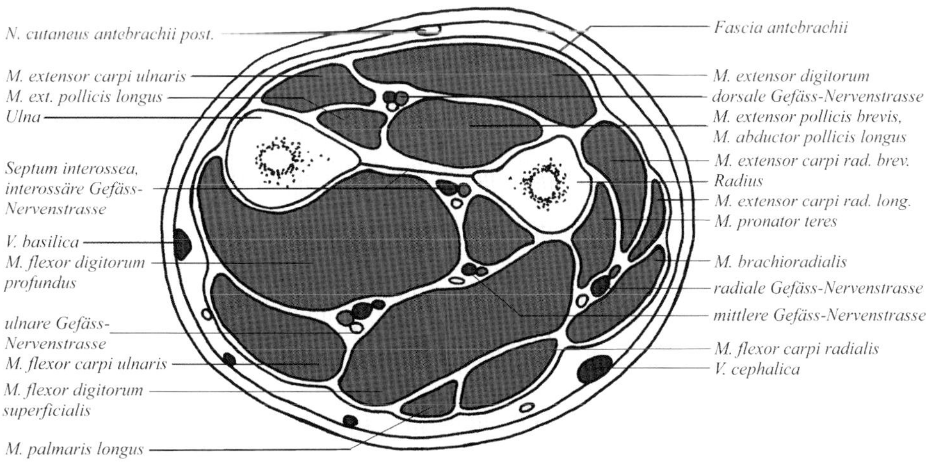

Abbildung 17: Gefäßnervenstraßen des Unterarms

18.4.9 A. brachialis

- Fortsetzung der **A. axillaris** distal des Unterrandes des M. pectoralis major.
- Verläuft im **Sulcus bicipitalis medialis**.
- Äste:
  - **A. profunda brachii**: verläuft zwischen dem Caput mediale und Caput laterale des M. triceps brachii um den Humeruskopf.
  - **Aa. collaterales ulnaris superior et inferior**: Sie ziehen hinter dem Septum intermusculare mediale nach distal zum **Rete articulare** des Ellenbogengelenks und anastomosieren dort mit Ästen der A. recurrens ulnaris.
  - **A. radialis** und **A. ulnaris**: Die A. brachialis teilt sich in der Ellenbeuge unter der Aponeurosis m. bicipitis (= Befestigung des M. biceps brachii an der Fascia antebrachii) in diese beiden Arterien auf.

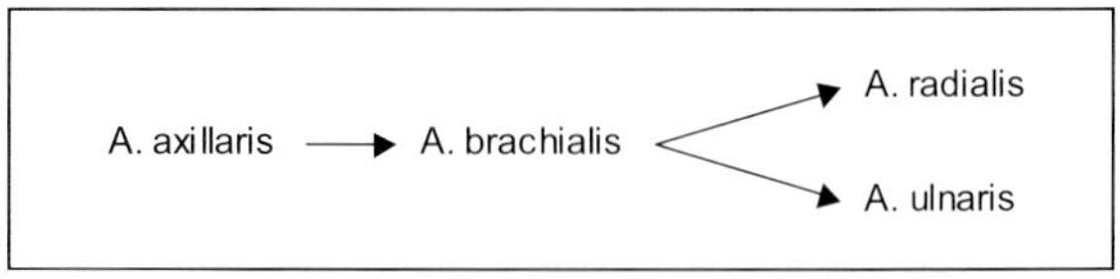

18.4.10 N. radialis

- Er entspringt aus dem Fasciculus posterior des **Plexus brachialis**.
- Er versorgt **motorisch** die gesamte **Streckermuskulatur des Ober- und Unterarmes**, den **M. supinator** und den **M. brachioradialis.**
- Er versorgt **sensibel** die **Streckerseite des gesamten Armes**.
- Er verläuft zusammen mit der A. profunda brachii zwischen dem medialen und lateralen Kopf des M. triceps brachii dicht am Humerus abwärts. Er durchbohrt das **Septum intermusculare laterale** und gelangt so von radial in die Ellenbeuge zwischen den M. brachialis und M. brachioradialis.
- Er teilt sich in der Ellenbeuge in zwei Endäste:
  - **R. superficialis**: Verläuft oberflächlich in der radialen Gefäß-Nerven-Straße des Unterarms. Seine Endäste, die **Nn. digitales dorsales**, versorgen sensibel die Haut der radialen 2 $^1/_2$ Finger des Handrückens.
  - **R. profundus**: Durchbohrt den M. supinator und verläuft zwischen der oberflächlichen und tiefen Schicht der Flexoren in der Supinatorloge. Sein Endast, der **N. interosseus antebrachii posterior**, verläuft direkt auf der Membrana interossea bis zum Handgelenk. Er versorgt die Strecker des Unterarms und der Hand.

18.4.11 Übersicht zur Unterarmmuskulatur

Unterarmmuskulatur

Flexoren	
oberflächliche	**tiefe**
M. pronator teres M. flexor carpi radialis M. palmaris longus M. flexor carpi ulnaris M. flexor digitorum superficialis	M. flexor digitorum profundus M. flexor pollicis longus M. pronator quadratus

Extensoren		
oberflächliche	**tiefe**	**radiale Gruppe**
M. extensor digitorum M. extensor digiti minimi M. extensor carpi ulnaris	M. supinator M. abductor pollicis longus M. extensor pollicis brevis M. extensor pollicis longus M. extensor indicis	M. brachioradialis M. extensor carpi radialis longus M. extensor carpi radialis brevis

18.4.12 Flexoren des Oberarms

<table>
<tr><th colspan="2"></th><th>Ursprung</th><th>Ansatz</th><th>Funktion</th><th>Nerv</th><th>Gefäße</th></tr>
<tr><td rowspan="2">M. biceps brachii</td><td>Caput longum</td><td>- Tuberculum supraglenoidale</td><td rowspan="2">- Tuberositas radii
- Fascia antebrachii (über die Aponeurosis m. bicipitis brachii)</td><td>- <u>Schulter</u>: Abduktion, Anteversion
- <u>Ellenbogen</u>: Flexion, Supination</td><td rowspan="2">- N. musculocutaneus (aus dem Fasciculus lateralis des Plexus brachialis)
- (ev. auch durch Äste aus dem N. medianus)</td><td>- Rr. musculares der A. brachialis
- A. circumflexa posterior humeri</td></tr>
<tr><td>Caput breve</td><td rowspan="2">- Processus coracoideus</td><td>- <u>Schulter</u>: Adduktion, Anteversion, Innenrotation
- <u>Ellenbogen</u>: Flexion, Supination</td><td rowspan="3">- Rr. musculares der A. brachialis</td></tr>
<tr><td colspan="2">M. coracobrachialis</td><td>- Anteromedial am mittleren Humerusdrittel</td><td>- Anteversion
- Adduktion
- Innenrotation
- Halteaufgaben</td><td rowspan="2">- N. musculocutaneus</td></tr>
<tr><td colspan="2">M. brachialis</td><td>- Distale Hälfte des Humerus
- Septum intermusculare brachii mediale und laterale</td><td>- Tuberositas ulnae
- über wenige Fasern an der Gelenkkapsel</td><td>- <u>Ellenbogen</u>: Flexion
- Spannen der Ellenbogengelenkkapsel</td></tr>
</table>

Tabelle 85: Flexoren des Oberarms

18.4.13 M. pronator teres

Er gehört zu den oberflächlichen Flexoren am Unterarm.

<table>
<tr><th></th><th>Ursprung</th><th>Ansatz</th><th>Funktion</th><th>Nerv</th><th>Gefäße</th></tr>
<tr><td>Caput humerale</td><td>Epicondylus medialis humeri</td><td rowspan="2">Lateral und dorsal am mittleren Radius</td><td>- <u>Ellenbogen</u>: Flexion
- Pronation</td><td rowspan="2">N. medianus</td><td rowspan="2">- A. ulnaris
- A. radialis</td></tr>
<tr><td>Caput ulnare</td><td>Processus coronoideus ulnae</td><td>- Pronation</td></tr>
</table>

Tabelle 86: M. pronator teres

18.4.14 Übersicht der Lähmungsbilder des Plexus brachialis

Nerv	typische Sensible Ausfälle	Motorische Ausfälle	mögliche Ursachen für eine Nervenläsion
N. musculo-cutaneus	radiale Unterarm-region	- Bei seinem Ausfall ist die Beugefähigkeit im Ellenbogengelenk stark eingeschränkt, aber noch zum Teil möglich durch: - den M . brachialis (wird auch vom N. radialis innerviert). - den im Ellenbogengelenk beugend wirkenden Unterarmmuskeln.	- Trauma
N. axillaris	Seitlich über dem M. deltoideus	- Abduktion im Schultergelenk.	- Frakturen des Collum chirurgicum. - Luxationen im Schultergelenk.
N. medianus	Endglieder von Zeige- und Mittelfinger	- **Schwurhand:** Unvollständige Beugung im Mittel- und Endgelenk des Mittel- und Zeigefingers (Ring- und Kleinfinger bleiben beugbar durch den ulnaren Teil des M. flexor digitorum profundus, innerviert vom N. ulnaris). - **Affenhand**: Der Daumen wird durch den M. adductor pollicis (N. ulnaris) adduziert. Die Extensoren (N. radialis) überstrecken den Daumen, da der M. flexor pollicis longus ausfällt. - Atrophie der Muskulatur des Daumenballens. - **Flaschenzeichen:** Der gelähmte M. opponens pollicis verhindert das Zusammenführen von Daumen- und Kleinfingerkuppe. Ein Flaschenhals kann nicht mehr umfaßt werden.	- **Suprakondyläre Humerusfrakturen** (betroffen sind dann der M. pronator teres, M. pronator quadratus). - Schnittverletzungen oberhalb des Handgelenks (z.B. in suizidaler Absicht). - Kompression des Nerven während seines Verlaufs im Karpaltunnel **(Karpaltunnel-Syndrom)**.
N. ulnaris	Endglied des Kleinfingers	- **Krallenhand:** Überstreckung der Fingergrundgelenke bei gleichzeitiger Beugung in den Mittel- und Endgelenken (v.a. Finger IV, V) durch Ausfall der Mm. lumbricales III + IV und Mm. interossei. - Keine Adduktion und Abduktion der Finger in den Grundgelenken. - Atrophie der Muskulatur des Daumen- und Kleinfingerballens und Einsinken der Zwischenräume zwischen den Ossa metacarpales. - Eingeschränkte Ulnarabduktion. - **Positives Froment-Zeichen:** Die Daumenadduktion durch Ausfall des Caput transversum des M. adductor pollicis ist gestört.	- Druckschäden im Bereich des **Sulcus n. ulnaris**. - Schnittverletzungen - **Fraktur des Epicondylus medialis**.
N. radialis	Dorsalseite der radialen 2½ Finger ohne die Endglieder	- **Fallhand:** Durch fehlende Dorsalextension nach Ausfall der Extensoren des Unterarms. Dies beeinträchtigt auch den Faustschluß, da dieser nur bei gestreckter oder dorsalflexierter Hand maximal möglich wäre. - Keine aktive Streckung des Ellenbogengelenks: Durch Ausfall des M. triceps brachii. - Keine Supination bei gestrecktem Arm: Der M. biceps brachii kann nur bei gebeugtem Ellenbogengelenk supinieren. - Abgeschwächter Triceps-brachii-Reflex und abgeschwächter Brachioradialisreflex.	- Nervenunterbrechung im Bereich der **Axilla (Krückenlähmung)**. - **Frakturen** und Luxationen des **proximalen Radiusendes** (betroffen ist oft der Eintritt des motorischen Endastes in die Supinatorloge, dann wird die Lähmung auch als **Supinatorlogensyndrom** bezeichnet). - Bleivergiftung

Tabelle 87: Lähmungsbilder des Plexus brachialis (Pars infraclavicularis)

18.4.15 Bänder des Hüftgelenks

Band	Ursprung	Verlauf	Ansatz	Funktion
Lig. iliofemorale	**Spina iliaca anterior inferior**	- Fächerförmig mit verstärkten Flanken - Zeigt eine **Pars medialis et lateralis** (umgekehrtes „V") - Schraubenförmiger Verlauf	- **Linea intertrochanterica** - **Trochanter major**	- **Verhindert die Überstreckung** bzw. das Zurückkippen des Beckens über 10-15 Grad hinaus. - Der starke laterale Teil **hemmt die Außenrotation und Adduktion**. - Der mediale Teil **hemmt die übermäßige Innenrotation.**
Lig. ischiofemorale	**Corpus ossis ischii**	- Schraubenförmig dorsal und kranial um das Caput et Collum femoris	- Seitlich oben an der **Linea intertrochanterica** - **Fossa trochanterica** - **Zona orbicularis**	- **Verstärkt die dorsale Kapselwand**. - **Hemmt die Innenrotation und Streckung** sowie geringfügig die Adduktion.
Lig. pubofemorale	**Ramus superior ossis pubis**	- Ventral medial	- **Zona orbicularis** - unten medial an der **Linea intertrochanterica** - **Trochanter minor**	- **Verstärkt die mediale Kapselwand**. - **Hemmt eine zu ausgedehnte Abduktion und Außenrotation**.
Zona orbicularis	Bindegewebsfasern, die aus den 3 erstgenannten Bändern abzweigen	- Zieht zirkulär die Gelenkkapsel verstärkend um den Schenkelhals	- In sich geschlossener Faserring	- Hält den Kopf in der Pfanne. - Ist mit der Gelenkkapsel verwachsen.
Lig. capitis femoris	Rand der **Incisura acetabuli** und **Lig. transversum acetabuli**	- Läuft intraartikulär - Der Anfangsteil ist eingebettet in das Fett- und Bindegewebe der Fossa acetabuli	- **Fovea capitis femoris**	- In ihm verläuft der **R. acetabularis aus der A. obturatoria**. - Angespannt nur bei extremer Adduktion und Außenrotation.
Lig. transversum acetabuli	Rand der Incisura acetabuli	- In der Incisura acetabularis	- Rand der Incisura acetabuli	- Verschließt die Incisura acetabuli bis auf Lücken für Gefäße. - Mitbeteiligung an der Gelenkfläche.
Labrum acetabulare	**Rand des Acetabulums** und **Lig. transversum acetabuli**	- Kreisförmig, mit der Gelenkkapsel größtenteils nicht verwachsen	- **Rand des Acetabulums** - **Lig. transversum acetabuli**	- Vergrößert die Gelenkfläche.

Tabelle 88: Bänder des Hüftgelenks

19 17. Tag

19.1 Bein

19.1.1 Kniegelenk

- Das Kniegelenk (=Articulatio genus) ist ein **Bikondylengelenk**: Die stark gekrümmten Femurkondylen artikulieren mit den flachen Tibiakondylen. Am Gelenk beteiligt ist auch die Patella, nicht jedoch die Fibula.
- Die Gelenkflächen sind inkongruent und werden durch die **Menisci medialis et lateralis** ausgeglichen.

19.1.2 Bänder des Kniegelenks

Außenbänder (außerhalb der Gelenkkapsel)	**Lig. collaterale tibiale**	- Verbindet den **Epicondylus medialis femoris** mit dem **Condylus medialis tibiae**. - Ist mit der Gelenkkapsel verwachsen und verstärkt diese.  - Ist mit dem Meniscus medialis verwachsen. Daher wird bei Sportunfällen der mediale Meniskus häufiger in Mitleidenschaft gezogen als der laterale. - Stabilisiert bei gestrecktem Knie das Gelenk - **Begrenzt bei gebeugtem Knie die Außenrotation**.
	Lig. collaterale fibulare	- Verbindet Epicondylus lateralis femoris und Caput fibulae. - Ist nicht mit der Gelenkkapsel verwachsen. - Stabilisiert bei gestrecktem Knie das Gelenk. - Begrenzt bei gebeugtem Knie die Rotation.
	Retinacula patellae mediale et laterale	- Faserzüge beidseitig der Patella, die in das Periost des Tibiakopfes einstrahlen. - Die Fasern stammen z.T. vom Tractus iliotibialis und verstärken ventrolateral die Gelenkkapsel.
	Lig. patellae	- Zieht von der Patella zur Tuberositas tibiae.
	Lig. popliteum obliquum	- Abspaltung der Sehne des M. semimembranosus. - Verstärkt die Kapselwand auf der Rückseite. - Wird durch die Muskelbündel des M. popliteus gespannt.
	Lig. popliteum arcuatum	- Überbrückt bogenförmig den M. popliteus. - Verstärkt die Kapselwand auf der Rückseite.

Binnenbänder (in der Gelenkkapsel)	**Ligg. cruciata genus (= Kreuzbänder)**	- **Liegen zwischen den Femurkondylen und den beiden Schichten der Gelenkkapsel**, also außerhalb der Gelenkhöhle.
		- Verhindern das Abgleiten der Femurkondylen von den flachen Gelenkpfannen des Schienbeinkopfes.
		- Halten die Gelenkkörper zusammen.
		- Wickeln sich bei Innenrotation umeinander und **begrenzen** dadurch **die Innenrotation**.
		- Man trennt:
		  - **Lig. cruciatum anterius**: zieht von der medialen Fläche des Condylus lateralis zur Area intercondylaris anterior der Tibia.
		  - **Lig. cruciatum posterius**: zieht von der lateralen Fläche des Condylus medialis zur Area intercondylaris posterior.

	Lig. transversum genus	- Verbindet vorne den medialen mit dem lateralen Meniskus.
	Lig. meniscofemorale anterius	- Zieht inkonstant von der Rückseite des Meniscus lateralis zum Lig. cruciatum anterius.
	Lig. meniscofemorale posterius	- Zieht vom Meniscus lateralis - dorsal des Lig. cruciatum posterius - zur Innenfläche des Condylus medialis femoris.

Tabelle 89: Bänder des Kniegelenks

19.1.3 Extensoren des Oberschenkels

	Ursprung	Ansatz	Funktion	Nerv	Gefäße
M. sartorius	- **Spina iliaca anterior superior**	- **Pes anserinus** (superficialis) - Condylus medialis tibiae - mediale Tibiafläche	- Knie: **Beugung** und Innenrotation - Hüfte: **Beugung**, Außenrotation, Abduktion	**N. femoralis**	R. descendens der **A. circumflexa femoris lateralis** (Ast der A. profunda femoris)
M. rectus femoris	- **Spina iliaca anterior inferior** (mit dem **Caput rectum**) - **Acetabulum** (mit dem **Caput reflexum**)	- Patella - Lig. patellae - **Tuberositas tibiae**	- Hüfte: **Beugung** - Knie: **Streckung**		
M. vastus lateralis	- **Trochanter major** - **Labium laterale der Linea aspera**		- Knie: **Streckung**		
M. vastus intermedius	- ventral am **Femurschaft**				
M. vastus medialis	- **Labium mediale der Linea aspera**				
M. articularis genus	- distal ventral am Femur	- Kniegelenkkapsel	- Spannt die Kapsel		A. descendens genicularis

Tabelle 90: Vordere Oberschenkelmuskeln (Extensoren)

19.1.4 Bursa suprapatellaris

- Sie öffnet sich zum Gelenk hin, wodurch im oberen Bereich des Gelenks eine taschenartige Aussackung entsteht, der **Recessus superior**.
- Funktionell setzt sie die Reibung herab.

19.1.5 Corpus adiposum infrapatellare

- Er ist ein verformbarer Fettkörper, der unterhalb der Patella vor der Kniegelenkspalte liegt.
- Er dehnt sich zwischen den beiden Schichten der Kapsel (**Membrana fibrosa** und **Membrana synovialis**) aus und setzt sich fort in die **Plicae alares** und in die dünne **Plica synovialis infrapatellaris**.
- Er dient der Oberflächenvergrößerung und der Vergrößerung der Stoffaustauschfläche in der Gelenkhöhle.

19.1.6 Bänder des Fußes

Gelenk	Bänder	Lage/ Funktion
Oberes Sprunggelenk	Lig. mediale (= **Lig. deltoideum**)	Strahlt vom Innenknöchel (mediale Seite) fächerförmig in die Fußwurzelknochen ein.
	Lig. talofibulare anterius Lig. talofibulare posterius Lig. calcaneofibulare	Liegen lateral des Gelenks.
Unteres Sprunggelenk		
Articulatio subtalaris	Lig. talocalcaneum mediale Lig. talocalcaneum laterale Lig. calcaneofibulare	Verstärkungsbänder in der Gelenkkapsel zwischen Talus und Calcaneus.
	Lig. talocalcaneum interosseum	Trennt die vordere von der hinteren Kammer.
Articulatio talocalcaneo-navicularis	**Lig. calcaneonaviculare plantare (= Pfannenband)**	**Wichtigstes Fußband**, zwischen Sustentaculum tali auf dem Calcaneus und dem Os naviculare. Verhindert ein Abgleiten des Talus und trägt diesen. In seiner Festigkeit gestützt wird es durch die Sehne des M. tibialis posterior, die unter dem Band hindurchzieht.
	Lig. talonaviculare	Zwischen Caput tali und Os naviculare.
Articulatio calcaneocuboidea (eine Amphiarthrose)	Lig. bifurcatum (= Pinzettenband) Lig. calcaneonaviculare dorsale Lig. calcaneocuboideum	Es zieht mit seinen beiden Anteilen auf der dorsolateralen Seite in die Tiefe des Sinus tarsi und heftet an der Dorsalfläche von Kahn- und Würfelbein an.
	Lig. calcaneocuboideum plantare	Liegt auf der plantaren Seite des Gelenks.
	Lig. plantare longum	Zieht von der plantaren Calcaneusfläche zum Os cuboideum und den Ossa metatarsi II-V. **Es verspannt maßgeblich den Fußlängsbogen**.
Articulatio tarsi transversa = Chopart-Gelenklinie (Amputationslinie)		
Articulatio cuneonavicularis	Ligg. cuneonavicularia dorsalia Ligg. cuneonavicularia plantaria	Verstärken die Gelenkkapsel zwischen dem Kahnbein und den 3 Keilbeinen.
Articulatio cuneocuboidea	Lig. cuneocuboideum dorsale Lig. cuneocuboideum interoseum Lig. cuneocuboideum plantare	Spannen sich zwischen dem Os cuneiforme laterale und dem Os cuboideum aus.
Articulationes intercuneiformes	Ligg. intercuneiformia dorsalia Ligg. intercuneiformia interossea Ligg. intercuneiformia plantaria	Spannen sich zwischen den Ossa cuneiformia aus.
Articulationes tarsometatarsales = **Lisfranc-Amputationslinie**	Ligg. tarsometatarsalia dorsalis Ligg. tarsometatarsalia interossea Ligg. tarsometatarsalia plantaria	Verstärken die Gelenke.
Articulationes intermetatarsales (Amphiarthrosen)	Ligg. metatarsalia dorsalia Ligg. metatarsalia interossea Ligg. metatarsalia plantaria	Spannen sich zwischen den Basen der Mittelfußknochen aus.
	Lig. metatarsale transversum profundum	Verbindet die Köpfe der Mittelfußknochen.
Articulationes metatarsophalangeales	Ligg. collateralia	Verhindern die passive Rotation der Zehengrundgelenke bei Plantarflexion.
	Ligg. plantaria (Das Lig. plantare am Großzehengrundgelenk trägt ein laterales und mediales Sesambein.)	Verstärken unten die Gelenkkapsel und bilden mit den Vaginae synoviales digitorum pedis ein Gleitlager für die Sehnen des M. flexor hallucis longus und M. flexor digitorum longus.
Articulationes interphalangeales	Ligg. collateralia	Festigen die Gelenke bei der Plantarflexion.
	Ligg. plantaria	Verstärken die Gelenkkapsel.

Tabelle 91: Bänder des Fußes

20 Embryologische Kenntnisse für das 3. Testat

Übersicht der Inhalte des 3. Testates

- Entwicklung des Urogenitaltraktes
- Derivate des intermediären Mesoderms
- Entwicklung der Schilddrüse
- Extremitätenentwicklung

20.1 Entwicklung des Urogenitaltraktes

20.1.1 Gliederung des intermediären Mesoderms

Der Urogenitaltrakt entstammt dem intermediären Mesoderm, welches in einer zeitlichen und kranio-kaudalen Abfolge drei Teile ausbildet. Diese sind im Vergleich zum paraxialen Mesoderm nicht segmentiert.

- Pronephros (Vorniere)
- Mesonephros (Urniere)
- Metanephros (Nachniere)

Abkürzungen:
intermediäres Mesoderm: IM
Wolff-Gang: WG

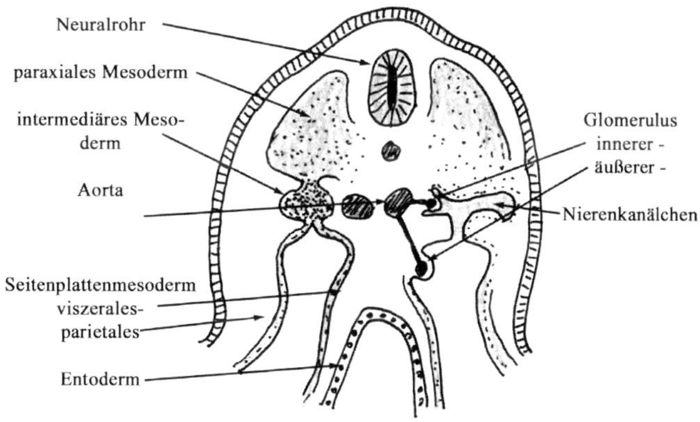

Abbildung 18: Herkunft des urogenitalen Systems

Pronephros - Vorniere

Die Vorniere entsteht in Höhe des 8. – 14. Somiten und besteht aus:

- Vornierengang
  - dorsal lokalisiertes lockeres Mesenchym „Vornierenblastem" aus intermediärem Mesoderm, dass sich später epithelialisiert.
  - Einzige Struktur der Vorniere, die beim Menschen nicht vollständig zurückgebildet wird.
- Vornierentubuli: Verbindung des Vornierengangs zum Zölomepithel
- Zölomglomerula: vaskularisiert, aber nicht funktionsfähig

Mesonephros – Urniere

besteht aus

- Wolff-Gang
- Urnierentubuli
- Urnierenglomerula

Wolff-Gang (=Urnierengang)

- stellt eine kaudale Fortsetzung des Vornierengangs im Bereich der Urniere dar
- entstammt aus intermediärem Mesoderm des Halsabschnitts, abgegrenzt vom intermediären Mesoderm des Brustbereiches
- es erfolgt eine kranio-kaudale Epithelialisierung mit Ausbildung eines Lumens
- Anschluss nach kaudal an die Kloake

Mesonephrogenes Blastem

entwickelt sich aus dem IM auf Höhe des 13. – 27. / 28. Somiten. Zellverdichtungen im mesonephrogenen Blastem bilden epitheliale Bläschen und tubuläre Strukturen und somit als Funktionseinheiten Nephrone.

- Urnierenglomerula:
  - Die epithelialen Bläschen werden eingedellt, wobei auf der konvexen Seite die Podzyten und auf der konkaven Seite die Bowman-Kapsel gebildet werden. Zudem wachsen Kapillaren ein.
- Urnierentubuli:
  - Die S-förmigen Strukturen verbinden sich mit dem Wolff-Gang.
  - Vom Wolff-Gang gehen Induktionsprozesse zur Proliferation und Differenzierung aus.

Die Urniere liefert hämatopoetische Stammzellen. Die Urniere wird wieder zurückgebildet! (nicht der Wolff-Gang)

Metanephros - Nachniere

entwickelt sich aus zwei Anlagen

- Ureterknospe des Wolff-Ganges
- Metanephrogenes Blastem

Ureterknospe

- Aussackung aus dem WG, wächst in das metanephrogene Blastem ein
- stellt die Anlage für den Nachnierengang dar
- wächst nach dorsal, dann kranial
- Anlage des *Nierenbeckens* (wird von metanephrogenem Blastem umfasst) daraus entstehen:
  - Nierenkelche
  - Nierenkanälchen → Sammelrohre, Verbindungsstücke (durch dichotome Verzweigung)
  - Papillengänge
- *Ureter*, wird aus dem Stil der Ureterknospe gebildet, mündet in den Sinus urogenitalis (der durch das Septum urorektale vom Rektum abgegrenzt wird)

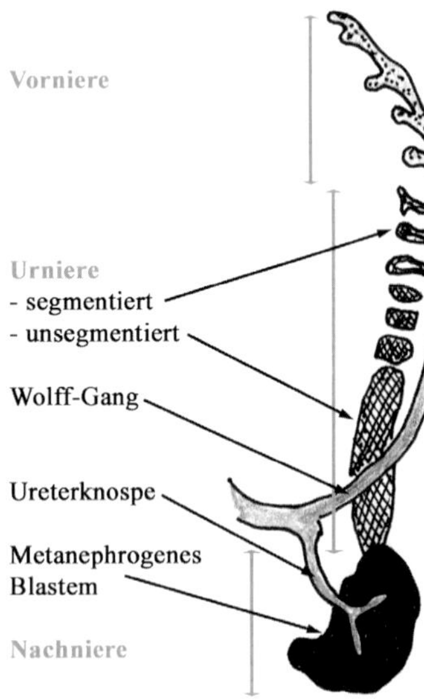

Abbildung 19: Vorniere, Urniere und Nachniere

Anmerkungen: Das Septum urorectale teilt die Kloake in einen ventral gelegenen Sinus urogenitalis und einen dorsalen Anorektralkanal. Des weiteren entstehen aus dem *Sinus urogenitalis:*

- die Harnblasenanlage, die mit der Allantois verbunden ist und später zu Urachus / Plica umbilicalis mediana fibrosiert
- bei der Frau: Pars membranacea der Urethra
- beim Mann: Pars prostatica
- Pars phallica

Trigonum vesicae: wird aus Ureter und WG gebildet.
Die *Urethra feminina* entsteht aus dem proximalen Abschnitt des Sinus urogenitalis, der dem Prostataabschnitt der männlichen Harnröhre entspricht.

Metanephrogenes Blastem

- aus dem sakralen Anteil des intermediären Mesoderms
- Entwicklung ähnelt der des mesonephrogenen Blastems

Durch Induktion der Gangknospen (=Verzweigung der Ureterknospe) kommt es zur Epithelialisierung eines Teiles des metanephrogenen Blastems.

- epitheliale Nierenbläschen, daraus sprossen Nierenkanälchen
    - o das eine verlängert und verbindet sich mit dem Sammelrohr
        - weitere Differenzierung in proximalen Tubulus, Henle-Schleife, distalen Tubulus
    - o der andere Anteil des Bläschens stülpt sich ein und bildet mit dem äußeren Blatt die Bowman-Kapsel und mit dem inneren Blatt die Podozyten
        - Einwachsen einer Arterie
- am Gefäßpol entwickelt sich der juxtaglomeruläre Apparat

Anmerkungen:

- *Nephrone:* alles "vor" den Sammelrohren: Glomerula und Tubulusabschnitte
- Der Harn wird in das Fruchtwasser abgegeben.
- embryonale Nierenzellen bilden bereits: Renin, Erythropoetin, (Interleukin ß, TGF-ß)
- Die Nachniere wird in der Sakralregion gebildet und kommt durch einen **Aszensus** kranial ihres Entstehungsortes zu liegen (cave: Ektopie).
- Veränderung der Gefäßversorgung während der Entwicklung: erst aus der A. sacralis mediana, dann direkter Aortenast: A. renalis

Fehlbildungen der Niere

- Nierenagenesie: einseitiges: 1:1000 oder beidseitiges 1:3000 (letal) Fehlen der Niere
- Nierenhypoplasie: Niere kleiner; Kompensation durch kontralaterale Niere (Hyperplasie) möglich, wenn einseitig
- Nierenektopie: Beckenniere; Störung des Aszensus
- Zysten oder Fisteln des Urachus
- ektopische Einmündungen des Ureters

Exkurs: Nebenniere

- Rinde: aus Zölomepithel der dorsalen Bauchwand + Urnierengewebe
- Mark: aus Neuralleistenzellen (zu chromaffinen Zellen; Ganglienzellen -sympathisch)
- Einwanderung der Zellen zwischen Wurzel des Mesenteriums und der Urnierenfalte. Proliferation und Ausbildung von epithelialen Strängen. (1. Wanderung: fetale Nebennierenrinde)
- dann: zweite Wanderungswelle, ersetzen die NNR durch proliferierende Zellen (Zona glomerulosa, fasciculata, reticularis)

20.2 Entwicklung der Genitalorgane

- Geschlechtsdrüsen
- Geschlechtsgänge
- äußere Geschlechtsorgane

20.2.1 Stadien der Geschlechtsorganentwicklung

1. Indifferentes Stadium

- Verdickung des *Zölomepithels* am medialen Rand der Urogenitalfalte zur Gonaden- oder Genitalleiste
- Fingerförmige Epithelstränge werden in die Tiefe verlagert und vom Mesenchym der Urogenitalfalte umgeben. (Interaktion zwischen Urniere und Gonaden: ohne Urniere keine Gonaden)
- *Primordiale Keimzellen* (=Urgeschlechtszellen) (aus dem Epiblast) wandern in die Gonadenanlage ein. (Wanderungsweg: Dottersack – Hinterdarm – Zölomepithel – Gonadenanlage; dort Proliferation + Differenzierung; amöboid beweglich)

2. Geschlechtsdeterminierung

(SRY – Gen, sex determining region; kodiert für: TDF – testis determining factor)
XY: Gonaden zu Hoden, produziert Testosteron
XX: Gonaden zu Ovar

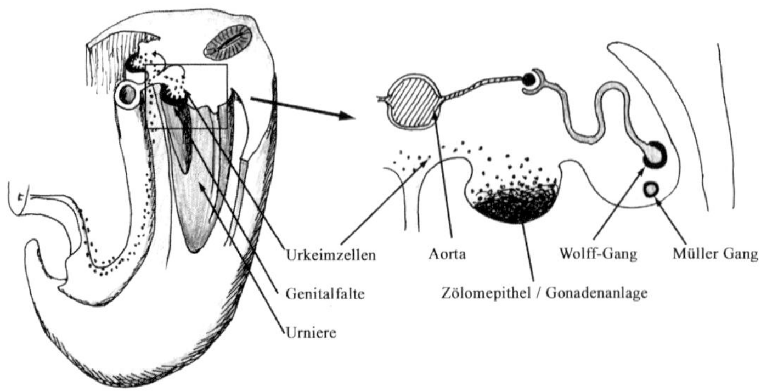

Abbildung 20: Urkeimzellen und Gonadenanlage

20.3 Hoden- und Ovarentwicklung

20.3.1 Hoden

Hodenstränge verlaufen senkrecht zur Organoberfläche und bestehen aus Vorläufern von Sertoli-Zellen + primordialen Keimzellen. Nach weiterem Längenwachstum wird von außen nach innen ein Lumen gebildet (Tubuli seminiferi).
Verbindung des Rete testis mit den Urnierentubuli (Ductuli efferentes)
Rete testis, Septula testis=interstitielles Bindegewebe, darin: *Leydig-Zellen* (bilden Testosteron: für Erhaltung des Wolff-Gangs)
Sertoli-Zellen: bilden TDF & AMH (Anti-Müller-Hormon – führt zur Degeneration des Müller-Gangs), keine Teilung mehr nach Geschlechtsreife.

Pathologie der Hodenentwicklung:

- Bleiben primordiale Keimzellen im Mesenchym (anstatt in den Hodensträngen), dann können sie maligne entarten (CIS – Carcinoma in situ)!

20.3.2 Ovar

- entwickelt sich, wenn kein TDF gebildet wird
- Einwanderung von primordialen Keimzellen (wenn nicht: Degeneration des Ovars) und starke Vermehrung in der Rinde
- Bildung von primären Keimsträngen in der Markzone
- Verbindung des Ovars mit der Urniere durch das Reteblastem (undifferenzierte Zellen);
- Das Rete ovarii bildet einen Faktor, der die Keimzellen in die Prophase gehen lässt, worauf diese als Oozyten bezeichnet werden.
- im Kortex: Stroma ovarii
- Follikelepithelzellen: aus Urniere, aus Zölomepithel oder aus beidem
- Phasen der Oogenese: 1. Proliferationsphase, 2. Eintritt in die Prophase der Meiose, 3. Bildung von Primordialfollikeln (Oozyten werden von Follikelzellen umgeben)

20.3.3 Geschlechtsgänge und Derivate

Geschlechtsgänge werden gebildet aus

a) dem Wolff-Gang – Ductus mesonephricus (siehe Nierenentwicklung)
b) Müller-Gang – Ductus paramesonephricus
c) Tubuli der Urniere – Mesonephros (siehe Nierenentwicklung)

zu b) <u>Müller-Gang</u> (Derivat des Zölomepithels)

- trichterförmige Invagination des Serosaepithels (in Höhe des 3. Brustsegmentes, lateral des Wolff-Gangs gelegen)
- solides Blastem – wächst nach kaudal – wird später kanalisiert
- überkreuzt kaudal den Wolff-Gang ventral
- oberhalb des Sinus genitalis: rechter und linker Müller-Gang kommen dicht nebeneinander zu liegen; verschmelzen später (zum Uterovaginalkanal)

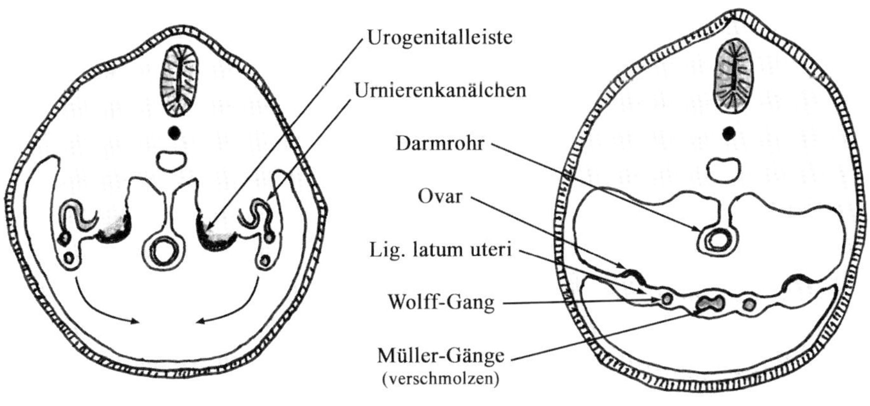

Abbildung 21: Verschmelzung der Müller-Gänge

XY – männlicher Embryo

Müller-Gänge degenerieren

Struktur	**entstanden aus**
Samenbläschen	Wolff-Gang
Ductus deferens	Wolff-Gang
Ductus epididymidis	Wolff-Gang
Ductuli efferentes	Urnierentubuli
Prostata	Epithelknospen der Harnröhre

Tabelle 1: Herkunft von Strukturen des männlichen Genitaltraktes

XX – weiblicher Embryo

Wolff-Gänge degenerieren

Struktur	**entstanden aus**
Tubae uterinae	kranialer Teil des Müller-Gangs (MG)
Uterovaginalkanal	kaudaler Abschnitt der MG
Uterus: Lamina propria; Tunica muscularis	Mesenchym, das die Uterusanlage umgibt
Vagina, oberer Abschnitt	Müller-Gänge
Vagina, unterer Abschnitt	Sinus urogenitalis

Tabelle 2: Herkunft von Strukturen des weiblichen Genitaltraktes

Verdickung des Sinus urogenitalis zum Müller-Hügel (medial des Wolff-Gangs); Verschluss durch das Hymen

20.3.4 Äußere Genitalorgane

Die Kloake wird unterteilt durch das Septum urorectale in den Sinus urogenitalis (vorne) und einen rektalen Abschnitt (hinten).
Durch Proliferation des Mesenchyms um das Ostium urogenitale entstehen: Genitalhöcker (ventral); Genitalfalten, Geschlechtswülste (lateral)
Beim Auswachsen des Genitalhöckers spielen ähnliche Mechanismen wie bei der Extremitätenentwicklung eine Rolle (Ektoderm-Mesoderm-Interaktionen; Hox-code).

	XY	**XX**
Genitalhöcker:	Phallus – Penis	Klitoris
Genitalfalten:	Verschluss zur Harn-Samen-Röhre	Labia minora
Geschlechtswülste:	Skrotalwülste	Labia majora

Tabelle 3: Ursprung äußerer Genitalorgane

20.3.5 Fehlbildungen der Genitalorgane

- Chromosomenaberrationen z. B. Turner-Syndrom (XO)
- Hermaphroditismus (echter, weiblicher, männlicher)
- testikuläre Feminisierung: Fehlen des Testosteronrezeptors bei männlichem Genotyp, weibliche Morphologie, Fehlen von Uterus + Teil der Vagina
- Kryptorchismus: unvollständiger Deszensus des Hodens, bleiben in der Leibeshöhle. Gefahr: inkomplette – fehlende Spermatogenese (wegen Temperatur)
- unvollständige Verschmelzung der Müller-Gänge: Uterus duplex, Uterus bicornis, Uterus unicornis
- Vaginalatresie: keine Kanalisierung der Vaginalplatte

20.4 Glandula thyroidea

20.4.1 Entwicklung der Glandula thyroidea

Anlage aus einer medianen, nach kaudal und dorsal gerichteten Einstülpung des Entoderms. (auf Höhe der 1. Pharyngealtasche)

- Verlängerung nach kaudal: Ductus thyreoglossus – an dessen Ende entwickelt sich die Schilddrüse
- Die Verbindung zwischen Pharynx und Schilddrüse wird zurückgebildet. Auf der Zunge noch sichtbar: Foramen caecum
- bereits im Embryonalstadium werden Schilddrüsenhormone gebildet, die wachstums- und differenzierungsfördernd wirken
- Der Ultimobranchialkörper (Spitze des 4. Pharyngealbogens oder 5. PB): entstammt der Neuralleiste und liefert die parafollikulären Zellen oder C-Zellen

20.4.2 Fehlbildungen der Schilddrüse

- branchiogene Fisteln: Einstülpungen an der lateralen Pharynxwand – neigen zu Entzündungen
- mediane Halszysten, - fisteln: keine komplette Rückbildung des Ductus thyreoglossus
- ektopisches Schilddrüsengewebe: Lobus pyramidalis, kranial der normalen Schilddrüse gelegen; Problem: Überfunktion oder Karzinombildung gehäuft

20.5 Glandula parathyroidea

Anlage:
kaudale Verlängerung der 3. und 4. Pharyngealtaschen, verlieren Verbindung zum Entodermrohr
3. Pharyngealtasche: Glandula parathyroidea inferior! (und Thymus)
4. Pharyngealtasche: Glandula parathyroidea superior!

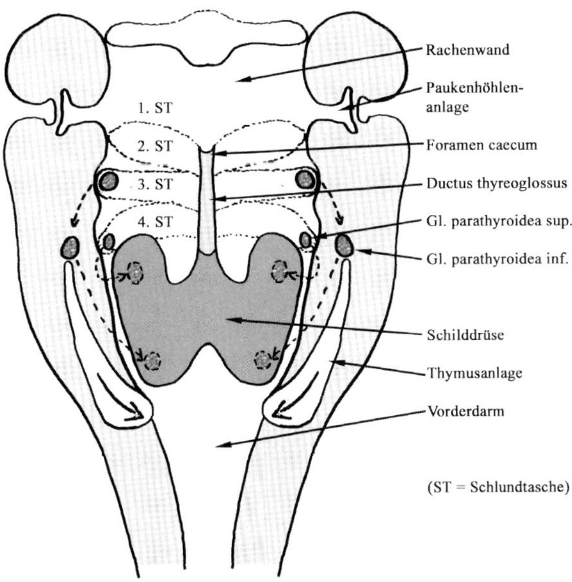

Abbildung 22: Ursprung von Schilddrüse und Epithelkörperchen

20.6 Extremitätenentwicklung

20.6.1 Herkunft und Induktion

Ursprungsgewebe

- Seitenplattenmesoderm: *Somatopleura*: z. B. Skelett, Bindegewebe etc.
- paraxiales Mesoderm: z. B. Muskeln
- Neuralrohr: Nerven
- Neuralleiste: z. B. Melanoblasten, Schwann-Zellen
- Ektoderm

Induktion der Extremitätenknospe

- Faktoren (Wnts, FGF) aus dem Ektoderm induzieren das Auswachsen der Extremität, die aus einem
- mesenchymalen Kern (Somatopleura) und einer ektodermalen Hülle besteht.
- Induktionsprozesse: Dialog zwischen Ektoderm und Mesoderm

20.6.2 Skelett, Muskulatur und Bindegewebe in den Extremitäten

Skelettelemente

Im inneren der Extremitäten bildet sich eine zentrale chondrogene Zone, an der Oberfläche wird die Chondrogenese durch Faktoren verhindert. Entstehung je eines zentralen Vorknorpelblastems am Ober- und am Unterarm. Apoptose zwischen (später) Ulna/Radius bzw. Tibia/Fibula
→ Stylopod – Zeugopod – Autopod

Apoptose: ("programmierter Zelltod") spielt eine große Rolle in der Entwicklung! z. B. In der distalen Extremität: interdigitale Nekrosezonen trennen die Finger bzw. die Zehen. Dabei kommt es molekular zur intrazellulären Fragmentierung der DNA

Muskulatur

Muskelvorläuferzellen wandern von den lateralen Abschnitten der Dermomyotome in die Extremität ein. Dort proliferieren die Zellen, sammeln sich in einer dorsalen und ventralen Vormuskelmasse und beginnen mit der Differenzierung (Expression von myogenen Determinationsfaktoren).

Bindegewebe

Intra- und perimuskuläres Bindegewebe, sowie Ursprungs- und Ansatzsehnen entstehen aus ortsständigen Zellen (Somatopleura). Die Bindegewebselemente vermitteln Informationen über Form- und Strukturmerkmale der Muskeln.

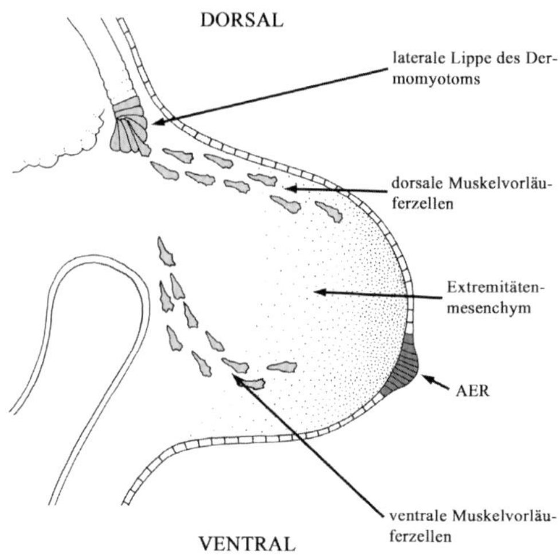

Abbildung 23: Migration der Muskelvorläuferzellen

20.6.3 Achsenbildung der Extremitäten

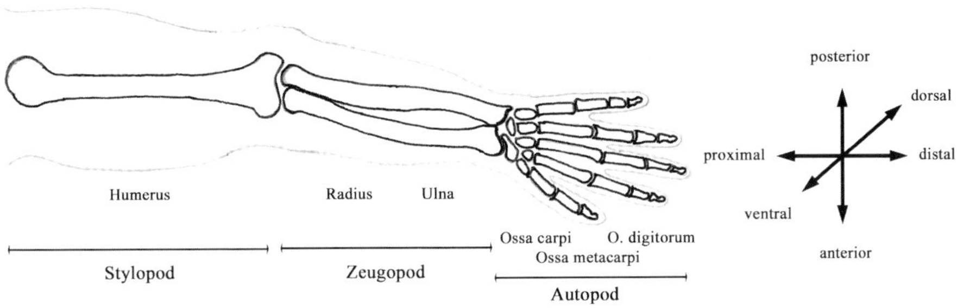

Abbildung 24: Achsen und Einteilung der Extremität

Proximo-distale Achse

Faktoren aus der AER (apical ectodermal ridge=Randleiste), die auf das darunter liegende Mesenchym (PZ – progress zone) wirken, steuern das distale Auswachsen der Extremität.

a. AER: Verdickung des distalen Ektoderms zu einer Randleiste, die in anterior-posteriorer Richtung verläuft, sie trennt ventral von dorsal. (Entfernung der AER verhindert weiteres Auswachsen)
b. PZ: distal, unter der AER gelegen; starke Proliferation des Mesenchyms

Anterior-posteriore Achse

Im posterioren Abschnitt der Extremitätenknospe liegt die ZPA (zone of polarizing activity) (Die AER beeinflusst auch diese Struktur). Hier wird eine Signalsubstanz (Shh) sezerniert, die einen „Diffusionsgradienten" von posterior nach anterior ausbildet und somit auch zur Spezifizierung der a-p-Achse beiträgt.

Begriffserklärung: Morphogen / Sonic hedgehog

Ein Morphogen ist eine Substanz, die einen Konzentrationsgradienten ausbildet, entlang dessen Zellen sich in unterschiedliche Richtungen entwickeln. Somit wird eine Musterbildung erreicht.
Ein Beispiel hierfür ist Shh (sonic hedgehog), welches in der Extremität in der ZPA (zone of polarizing activity) gebildet wird und einen Diffusionsgradienten von posterior nach anterior aufweist. Shh interagiert mit patched (ptc), einem transmembranösen Rezeptor.

Dorso-ventrale Achse

- unterschiedliche Strukturen (Fingernägel, Haare, Schweißdrüsen..) dorsal-ventral
- Ein Glykoprotein aus dem dorsalen Ektoderm (Wnt-7a) induziert einen Transkriptionsfaktor im darunterliegenden Mesenchym: *Lmx-1b*.
- Im ventralen Ektoderm verhindert ein weiterer Faktor (*En-1*) die Expression von *Wnt-7a*, daher wird kein *Lmx-1b* auf der ventralen Seite angeschaltet.
- Ausschaltung der genannten Gene resultiert in einer veränderten Achsenbildung. (biventral oder bidorsal)

Allgemein: Gene agieren oft nicht nur in der Signalkaskade einer Achse, sondern spielen im gesamten Gefüge eine Rolle: z. B. wirken Faktoren der AER auf die p-d, a-p, vielleicht auch auf die d-v – Achse.

21 3. Testat

21.1 Beispiele für mögliche Testatfragen

- Wie ist das Fußgewölbe verspannt?
- Wann kommt es zum Spitzfuß, wann zum Hackenfuß? Was ist ein Pes valgus?
- Welche Muskeln sind wahrscheinlich geschädigt, wenn der Patient noch gehen, aber nicht mehr Treppensteigen kann?
- Zu welcher Gruppe zählt der M. obturator internus, wie wird er innerviert?
- Welche Strukturen bilden das Foramen suprapiriforme, welche Strukturen treten hier hindurch?
- Wo am Gesäß wird typischerweise eine Spritze i.m. verabreicht? Welche Strukturen könnte man verletzen, wenn man daneben sticht?
- Welche Nerven versorgen die tiefen Flexoren? Wo setzen jene an und welche Funktion haben sie?
- Welche Strukturen verlaufen in der Kniekehle?
- Was ist die Muskelpumpe?
- Welche Dermatome befinden sich am Unterschenkel wo?
- Wie ist der Achillessehnenreflex verschaltet?
- Welche Abgänge hat der Plexus sacralis? Aus welchen Segmenten besteht er?
- Welche Engen hat der Ureter? Wie mündet er in die Blase?
- Welche Lagebeziehung hat die Prostata zu Blase, Ureter und Urethra?
- Welche Lage haben die Nieren? Wovon sind sie umgeben?
- Welche Arterien versorgen Uterus und Ovar und durch welche Strukturen gelangen sie dorthin?
- Was ist das Lig. teres uteri? Woraus entsteht es?
- Wie entstehen die Nieren? Was ist der Müller-Gang? Welche Strukturen entstehen aus dem Wolff-Gang?
- Welche Residualstrukturen können bei der Entwickung des Urogenitalsystems zurückbleiben? Wo liegen sie dann beim Adulten?
- Wie gelangt die Eizelle vom Ovar zum Uterus, welche Strukturen passiert sie dabei?
- Was sind Hämorrhoiden? Wo liegen diese genau? Mit welchem Blut (arteriell oder venös) sind sie gefüllt?
- Wie ist das Ovar an der Bauchwand befestigt?
- Welche Muskeln bilden den Beckenboden? Wie sehen dort die Faszienverhältnisse aus?
- Welche Muskeln beugen in der Hüfte? Wie sind sie innerviert und mit Blut versorgt?
- Was ist die Lacuna vasorum? Welche Strukturen sind randbildend, welche treten hinduch?
- Was ist der Venenstern, welche Venen fließen hier zusammen? Wie ist der Blutabfluß aus dem Bein organisiert?
- Was verläuft im Adduktorenkanal?
- Welche Muskeln beteiligen sich am Pes anserinus? Welche Muskeln bilden die Achillessehne?
- Was ist eine "tanzende Patella"? In welcher Sehne befestigt die Patella?
- Aus welchen anatomischen Gründen ist der Innenmeniskus bei Sportverletzungen häufiger betroffen als der Außenmeniskus?
- Wie verschiebt sich die Traglinie des Beines bei O-Beinen? Durch welche Punkte verläuft sie normalerweise?

Das Wichtigste: Strukturen müssen am Präparat **gezeigt** werden können!

22 19. Tag

22.1 Rückenmark

22.1.1 Hüllen des Rückenmarks und Gehirns

- Die 3 Rückenmarkshäute (Dura mater, Arachnoidea, Pia mater) umgeben das **Rückenmark**, die **Vorder-** und **Hinterwurzel** und die **Spinalganglien**. Sie setzen sich in die Hirnhäute fort.
- Die Rückenmarkshäute werden sensibel von den **Rr. meningei** der Spinalnerven versorgt.
- Außerhalb des ZNS ist nur der N. opticus von Hirnhäuten umgeben.

Dura mater	- Sie ist die harte Hirnhaut (harte Rückenmarkshaut) = **Pachymeninx**.
	- Sie teilt sich am **Foramen magnum** in 2 Blätter auf, die sich im Bereich des 2. - 3. Sakralwirbels wieder vereinigen:
	  - **Äußeres Blatt**: Periost des Wirbelkanals.
	  - **Inneres Blatt**: Es schließt mit dem äußeren Blatt das Spatium epidurale ein.
	- Im **Spatium epidurale** liegen Fettgewebe und Venen. Der Epiduralraum ist auch Applikationsort für Lokalanästhetika bei der **Epiduralanästhesie**.
	- Die **Dura mater encephali** besteht aus straffem Bindegewebe und kleidet die Innenfläche des Schädels aus, d.h. sie ist gleichzeitig das **Periost der Schädelknochen**. In der Dura mater verlaufen auch venöse Blutleiter, die **Sinus durae matris** und **sensible Nerven**.
	- Dabei verlaufen zwischen der Dura mater und dem Knochen die Hirnhautarterien, die auf der Schädeloberfläche tiefe **Sulci arteriosi** hervorrufen:
	  - **A. meningea anterior** (aus der A. ethmoidalis anterior)
	  - **A. meningea media** (aus der A. maxillaris)
	  - **A. meningea posterior** (aus der A. pharyngea ascendens)
	- Bei Blutungen dieser Arterien entstehen **epidurale Hämatome**, die die Dura mater und Tabula interna des Knochens auseinanderdrängen. Die resultierende Hirndruckerhöhung kann lebensbedrohlich sein.

Spatium subdurale	- Der **kapillärer Spalt** zwischen Dura mater und Arachnoidea ist der Subduralraum.
Arachnoidea mater	- Die **Arachnoidea** ist die äußere weiche Hirnhaut. - Im Bereich der Wurzeltaschen geht die Arachnoidea in das **Perineurium** über, das die Nervenfaserbündel umgibt. Dies führt dazu, daß ständig Liquor cerebrospinalis in distaler Richtung die Hirn- und Rückenmarksnerven abläuft. - Im Bereich der Wurzeltaschen zeigt die Arachnoidea kleine zottenartige Wülste, die der **Resorption von Liquor** dienen.
Spatium subarachnoideum	- Die Füllung mit Liquor dient als Schutz gegen Erschütterungen. - Bei einer **Lumbalpunktion** wird der Liquor meist auf Höhe von LWK4 entnommen, da hier das Rückenmark bereits nicht mehr verletzt werden kann, da es i.d.R. auf Höhe LWK2 endet.
Pia mater spinalis	- Sie ist die innere weiche Hirnhaut. Pia mater und Arachnoidea zusammen bilden die weiche Hirnhaut = **Leptomeninx**. - Sie bedeckt die marginale Gliaschicht der weißen Substanz und reicht mit **Septen** bis in die graue Substanz. - Die Interzellularräume der Zellen in der Pia mater (= Meningealzellen) sind z.T. vergrößert und werden dann als **Virchow-Robin-Räume** (= perivaskuläre Spalträume) bezeichnet. - Im Rückenmarksbereich ziehen von ihr die **Ligamenta denticulata** zur Dura mater und fixieren so das Rückenmark in seiner Position.

Tabelle 92: Aufbau der Hüllen des Rückenmarks

22.1.2 Canalis vertebralis

- Der Wirbelkanal wird gebildet von:
  - **Foramina vertebralia**
  - dorsale Flächen der **Disci intervertebrales**
  - dem **Lig. longitudinale posterius**
  - den **Ligg. flava**
- Er erstreckt sich vom Foramen magnum bis zum Hiatus sacralis.
- In ihm liegen: Rückenmark, Rückenmarkshäute, Wurzeln der Spinalnerven (eingebettet in Fettgewebe), Venenplexus (eingebettet in Fettgewebe).

22.1.3 Rückenmark

- Das Rückenmark (= **Medulla spinalis**) liegt im Wirbelkanal, ist ca. 45 cm lang und reicht beim Adulten bis zum 1.-2. Lendenwirbel. Es hat kranial Anschluß an die Medulla oblongata.
- Entsprechend der innervierten Hautflächen und Muskelmassen variiert die Dicke des Rückenmarks:
  - **Intumescentia cervicalis** (C5-T1): kraniale Verdickung (→ Innervation des Armes).
  - **Intumescentia lumbosacralis** (L2-S2): kaudale Verdickung (→ Innervation der Beine).
- Nach kaudal spitzt sich das Rückenmark zum **Conus medullaris** zu. Diesem folgt ein ca. 25 cm langer Endfaden (= **Filum terminale**), der von der **Cauda equina** (=Wurzeln der kaudalen Spinalnerven) begleitet wird.

  - Das Rückenmark durchläuft in der Fetalzeit einen scheinbaren **Aszensus**, der dazu führt, daß kaudal des Conus medullaris (= Ende des Rückenmarks) die Wurzeln der kaudalen Spinalnerven als Faserbündel (= **Cauda equina**) zu ihren Foramina intervertebralia ziehen. Ursache für diesen Aszensus ist ein Zurückbleiben des Längenwachstums des Rückenmarks im Vergleich zur stärker wachsenden Körperlänge.

Gliederung der weißen Substanz des Rückenmarks

Funiculus posterior
(= **Hinterstrang**)
	- Er liegt zwischen den beiden Hinterhörnern.
	- Im Bereich des Halsmarks und des oberen Brustmarks läßt er sich einteilen in:
	  - **Fasciculus cuneatus** (lateral)
	  - **Fasciculus gracilis** (medial)

Funiculus lateralis (= **Seitenstrang**)	- Zwischen ihm und dem Hinterstrang liegt dorsal des Apex cornus posterior die **Zona terminalis** (= Lissauer-Randzone = Tractus dorsolateralis).
Funiculus anterior (= **Vorderstrang**)	- Er weist keine klare Abgrenzung zum Seitenstrang auf, man spricht daher auch vom **Vorderseitenstrang**. - Rechter und linker Vorderstrang sind durch die **Commissura alba** verbunden.

Tabelle 93: Gliederung der weißen Substanz des Rückenmarks

22.1.4 Wurzeln der Spinalnerven

- An das Rückenmark treten anterior und posterior die Wurzelfäden der Spinalnerven (= **Fila radicularia**) heran. Sie bilden eine hintere Wurzel (= **Radix posterior**) und eine vordere Wurzel (= **Radix anterior**), die je aus ca. 5-10 Wurzelfäden bestehen.
  - Die hintere Wurzel ist die **sensible Wurzel**. Sie tritt im Bereich des Sulcus posterolateralis ins Rückenmark ein.
  - Die vordere Wurzel ist die **efferente Wurzel**. Sie geht vom Sulcus anterolateralis aus. Sie ist meist motorisch, z.T. führt sich auch vegetative Fasern.

22.2 Hirn

22.2.1 Perikranium

- Als Perikranium bezeichnet man das äußere **Periost** des Schädels.
- Es ist gut vaskularisiert. Die Gefäße stammen aus der Kopfschwarte und ziehen in das knöcherne Schädeldach.
- Es ist bedingt verschieblich und nur im Bereich der Schädelnähte fest verankert. Daher bleiben (z.B. geburtsbedingte) Blutungen unter dem Perikranium (**Kephalhämatome**) auf die Ränder der platten Knochen begrenzt.

22.2.2 Kopfschwarte

- Die Kopfschwarte wird gebildet von der behaarten Kopfhaut, der Subkutis und der **Galea aponeurotica** (einem Sehnenspiegel zwischen dem vorderen und hinteren Anteil des M. epicranius, über der Schädelkalotte).
- Sie ist nur locker am Periost befestigt und daher gut verschieblich.
- Die Haut ist durch Bindegewebszüge (Retinacula) des Unterhautbindegewebes fest mit der Galea aponeurotica verwachen. So wird die Ausbreitung von Entzündungen erschwert.
- **Stichverletzungen** im Bereich der Kopfschwarte müssen genäht werden, da die Ränder unter Zugspannung auseinanderklaffen.

22.2.3 Caput succedaneum

- Bei der **Geburtsgeschwulst** handelt es sich um eine blutig-seröse Durchtränkung der Kopfschwarte, die sich bei der Geburt an der Stelle bildet, die zuerst durch den Geburtskanal tritt.

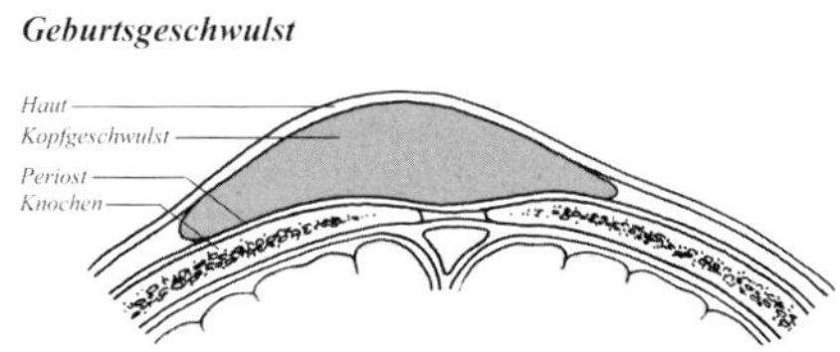

Abbildung 25: Geburtsgeschwulst

- Da sie oberhalb des Perikraniums liegt, ist die Geburtsgeschwulst nicht an die Grenzen der platten Knochen gebunden. (Unterschied zum Kephalhämatom!)

22.2.4 Aa. meningeae

- Die Hirnhautarterien verlaufen zwischen der Dura mater und der Innenseite des knöchernen Schädels in den **Sulci arteriosi**. Man unterteilt:
  - **A. meningea anterior**: aus der A. ethmoidalis anterior
  - **A. meningea media**: aus der A. maxillaris. Sie zieht durch das Foramen spinosum in die mittlere Schädelgrube. Sie versorgt dort mit einem vorderen und hinteren Ast die Dura mater. Sie hinterläßt im Os parietale tiefe Sulci arteriosi.
  - **A. meningea posterior**: aus der A. pharyngea ascendens.

22.2.5 Epiduralhämatom

- Das Epiduralhämatom ist ein **arterieller Bluterguß** zwischen Dura mater und Innenfläche der Schädelknochen.
  - Es entsteht nach einem Schädeltrauma durch Verletzung der **Meningealgefäße** (meist der **A. meningea media**).
  - Es breitet sich schnell aus und führt zu einer ggf. letalen Erhöhung des Hirndrucks.
  - Therapie: **Entlastungstrepanation** (= Eröffnung der Schädelkalotte, Ausräumung des Hämatoms und Stillung der Blutung).

22.2.6 Sinus durae matris

- Die Sinus durae matris sind weitlumige venöse Blutleiter, die in der **Dura mater** verlaufen.
- Ihnen fehlt die Tunica media und die Tunica adventitia. Die kollagenen Fasern der Dura mater reichen daher bis an die Basalmembran des nicht fenestrierten Endothels heran.
- Die größten dieser venösen Blutleiter liegen in den **Septen der Dura mater** (z.B. Falx cerebri, Tentorium cerebelli) oder in **unmittelbarer Nähe zu den Schädelknochen**, an denen sie leichte Sulci hervorrufen können.
- Durch die **Venae emissariae** erhalten auch die dünnwandigen **Venae diploicae**, die in der Spongiosa der Schädelknochen verlaufen, Anschluß an die Sinus durae matris.
- Die Venae emissariae verbinden darüber hinaus die Sinus durae matris mit den **Venen der Kopfhaut** und verhindern so einen Überdruck in den Sinus durae matris.

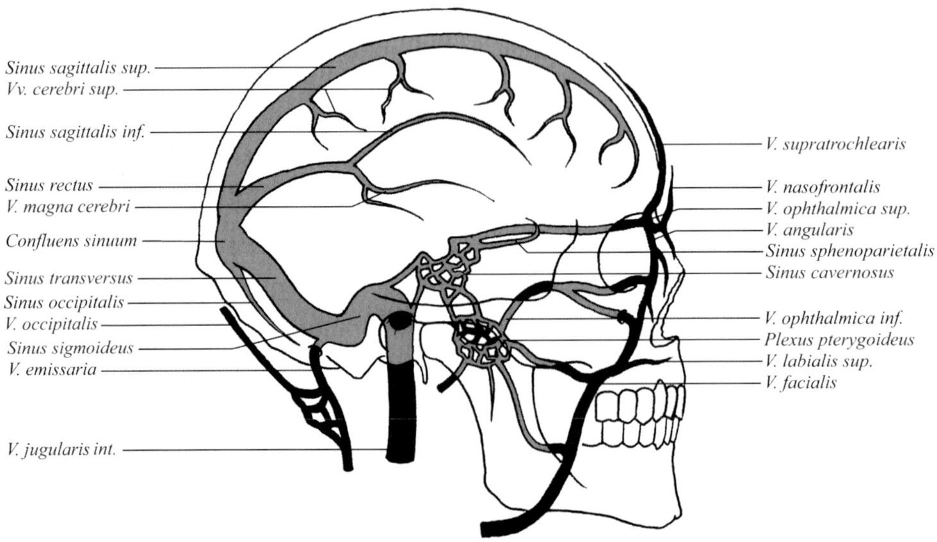

Abbildung 26: Venen des Kopfes

Sinus	Mündung in	Beschreibung
Sinus sagittalis superior	Confluens sinuum	- Er ist **unpaar** und beginnt an der Crista galli. Er verläuft dann im **Sulcus sinus sagittalis superioris** (→ Ansatzstelle der Falx cerebri). - Er nimmt die **Vv. superiores cerebri** auf.
Sinus sagittalis inferior	Sinus rectus	- Er verläuft am unteren freien Rand der Falx cerebri.
Sinus rectus	Confluens sinuum	- Er liegt an der Anheftungsstelle der Falx cerebri am Tentorium cerebelli. - Er nimmt die **V. magna cerebri** auf.
Confluens sinuum	Sinus transversus	- Er liegt an der Protuberantia occipitalis externa. - Er ist der Zusammenfluß der beiden **Sinus transversi** mit dem **Sinus sagittalis superior**, dem **Sinus rectus** und dem **Sinus occipitalis**.
Sinus transversus	Sinus sigmoideus	- Er ist paarig und liegt an der Anheftungsstelle des Tentorium cerebelli. - An der Squama ossis temporalis verursacht er den **Sulcus sinus transversus**.
Sinus sigmoideus	Bulbus superior der V. jugularis interna	- Er verläuft S-förmig und ruft am Os temporale den **Sulcus sinus sigmoidei** hervor. - Er erreicht den vorderen Abschnitt des Foramens jugulare und wird dort zum **Bulbus superior der V. jugularis interna**.
Sinus occipitalis	Confluens sinuum	- Er liegt unpaar an der Anheftungsstelle der Falx cerebelli. - Er verbindet **Sinus marginalis** und **Confluens sinuum.**
Sinus marginalis		- Er liegt um das Foramen occipitale magnum. - Er verbindet **Plexus basilaris** und **Sinus occipitalis**.
Plexus basilaris		- Er liegt auf dem Klivus und verbindet die **beiden Sinus cavernosi** mit dem **Sinus marginalis**.
Sinus petrosus superior	Sinus sigmoideus	- Er liegt an der Oberkante der Pars petrosa ossis temporalis. - Er nimmt den **Sinus cavernosus** auf.
Sinus cavernosus	Sinus petrosus superior Sinus petrosus inferior Plexus basilaris	- Er breitet sich beiderseits der Sella turcica aus. - **Er bildet ein Geflecht mit dem Sinus intercavernosus.** - Durch den Sinus cavernosus zieht die A. carotis interna und der N. abducens (N. VI). - An seiner lateralen Wand liegen N. oculomotorius (N. III), N. trochlearis (N. IV) und N. ophthalmicus (N. V_1). - Er erhält Zuflüsse von: **V. ophthalmica superior, V. ophthalmica inferior, V. cerebri media superficialis, Sinus sphenoparietalis**.
Sinus intercavernosus	Sinus cavernosus	- Er bildet ein Geflecht mit dem **Sinus cavernosus**.
Sinus sphenoparietalis		- Er verläuft an den unteren freien Rändern der Ala minor ossis sphenoidalis. - Er erhält Zuflüsse aus der **V. cerebri media superficialis**.

Tabelle 94: Sinus durae matris

22.2.7 Granulationes arachnoidales

- Sie sind gefäßfreie, zottenartige **Fortsätze der Arachnoidea** in der Nähe der Sinus durae matris.
- Sie dringen durch die Dura mater bis zu den venösen Blutleitern oder durch Lücken im Schädeldach bis zu den Vv. diploicae vor. Sie dienen der **Liquorresorption**.

22.2.8 Foveolae granulares

- Die Foveolae granulares sind **Grübchen an der Innenfläche des Schädeldachs**, am häufigsten sind sie in der Nähe der Medianlinie zu finden.
- Hervorgerufen werden sie durch die **Granulationes arachnoidales**.

22.2.9 Duraausstülpungen

Falx cerebri (= Großhirnsichel)	- Es handelt sich um eine **sagittal gestellte Duraplatte** zwischen den beiden Großhirnhemisphären.
	- Sie befestigt an:
	    - der Crista galli des Siebbeins.
	    - den Rändern des Sulcus sagittalis superior. Hier liegt der **Sinus sagittalis superior**.
	    - der Protuberantia occipitalis interna.
	    - dem Giebel des zeltförmigen Tentorium cerebelli.
	- Am unteren freien Rand befindet sich der **Sinus sagittalis inferior**.

Tentorium cerebelli (= Kleinhirnzelt)	- Es spannt sich zwischen den Okzipitallappen des Endhirns und dem Kleinhirn aus. **Dadurch trennt es den supratentoriellen vom infratentoriellen Raum**.
	- An der okzipitalen Anheftungsstelle umgreift es die paarigen **Sinus transversi**.
	- Es befestigt an:
	    - den Rändern des Sulcus sinus transversi (hinten).
	    - den Oberkanten der Felsenbeine (lateral).
	    - den Processus clinoidei anteriores (vorne).
	- Das Tentorium cerebelli läßt dabei eine Lücke für den Durchtritt des Hirnstamms frei, die **Incisura tentorii**.
	- An seinem Giebel verbindet sich das Tentorium cerebelli mit der Falx cerebri. Hier verläuft der **Sinus rectus**.
	Unter der Geburt (als seltene Komplikation bei Früh- oder Zangengeburten) kann durch eine Verschiebung der Schädelknochen das Tentorium cerebelli oder auch die Falx cerebri einreißen. Folge ist eine oft letale intrakranielle Blutung.

Falx cerebelli (= Kleinhirnsichel)	- Sie ist eine kleine, variable Duraplatte unterhalb des Tentorium cerebelli. - Sie befestigt an der Crista occipitalis interna und umfaßt den **Sinus occipitalis**.
Diaphragma sellae	- Es spannt sich als horizontale Platte der Dura mater zwischen vorderem und hinterem Processus clinoidei über der **Fossa hypophysialis** aus. - Sie bedeckt die **Hypophyse** und grenzt sie gegen die Schädelhöhle ab. - Sie besitzt ein kleines Loch für den Durchtritt des **Hypophysenstiels**, der Hypophyse und Hypothalamus verbindet.
Cavitas trigeminalis (= Cavum trigeminale)	- Sie umschließt das **Ganglion trigeminale** als beutelartige Ausstülpung der Dura und der weichen Hirnhäute auf der Vorderfläche des Os temporale am Boden der mittleren Schädelgrube. - Sie stellt eine Erweiterung des Subarachnoidalraumes dar, so daß das Ganglion trigeminale von Liquor umspült wird. Durch das **Foramen ovale** (Durchtrittsstelle des 3. Trigeminusastes an der Schädelbasis) kann man mit einer Nadel das Cavum trigeminale erreichen und z.B. ein Lokalanästhetikum injizieren. Durch die sich zwischen den einzelnen Wurzelästen ausbreitenden Flüssigkeit erreicht man so eine **Anästhesie aller drei Trigeminusäste**. Bei einer zu hohen Lokalanästhetikum-Menge kann dieses jedoch aus dem Cavum trigeminale abfließen und benachbarte Hirnnerven schädigen: Eine Lähmung der Augenmuskulatur, Schwindel, Taubheit oder eine Fazialislähmung können die Folge sein.

Tabelle 95: Duraausstülpungen

22.2.10 Durchtrittsstellen der Hirnnerven

Hirnnerv	Austritt aus dem Gehirn			Weiterer Verlauf	Austritt aus der Schädelbasis
I					- **Lamina cribrosa ossis ethmoidalis**
II					- **Canalis opticus**
III	Als geschlossene Bündel	Mittelhirn	**Fossa interpendicularis**	- Zieht durch die Cisterna interpendicularis und durchbricht die Dura mater im Bereich des Processus clinoideus. - Er liegt dann an der lateralen Wand des Sinus cavernosus.	- **Fissura orbitalis superior**
IV			**Kaudal der Colliculi inferiores**	- **Er verläßt als einziger Hirnnerv den Hirnstamm nach posterior** und zieht in der **Cisterna ambiens** um das Mittelhirn herum. - Er liegt dann im Dach des Sinus cavernosus.	
V		Rautenhirn, lateral	**Lateral der Pons** (er durchsetzt zuvor jedoch den Pedunculus cerebellaris medius)	- Er zieht durch den **Porus nervi trigemini** in die **Cavitas trigeminalis** zum **Ganglion trigeminale**. - Dann teilt er sich in seine Haupttäste: N. ophthalmicus, N. maxillaris und N. mandibularis.	- N. ophthalmicus: **Fissura orbitalis superior** - N. maxillaris: **Foramen rotundum** - N. mandibularis: **Foramen ovale**
VI		Rautenhirn, anterolateral	**Oberhalb der Pyramis**, zwischen Pons und Medulla oblongata	- Er tritt am Klivus in die Dura mater ein (→ längster intraduraler Verlauf der Hirnnerven). - Er liegt dann an der lateralen Wand des Sinus cavernosus.	- **Fissura orbitalis superior**
VII		Im **Kleinhirnbrückenwinkel**		- Zieht superior des N. VII in den **Meatus acusticus internus**	- **Foramen stylomastoideum**
VIII					- **Meatus acusticus internus**
IX **X**	Als Wurzelfasern	Rautenhirn, lateral	Mit vielen Wurzelfäden im **Sulcus posterolateralis der Medulla oblongata**	- Die Fasern lagern sich mit denen des N. XI zusammen.	- Gemeinsam durch den medialen Teil des **Foramen jugulare**
XI				- Die kaudalen Fasern der **Pars spinalis n. accessorii** ziehen durch das **Foramen magnum** in die Schädelhöhle und vereinigen sich mit der **Pars cranialis**.	
XII		Rautenhirn, anterolateral	Mit 10-12 Wurzelfäden zwischen Pyramide und Olive im **Sulcus anterolateralis**	- Die Wurzelfasern vereinigen sich zu mehreren Bündeln. - Sie liegen dann posterior der A. vertebralis.	- **Canalis hypoglossi**

Tabelle 96: Austrittsstellen der Hirnnerven

22.3 Kopf und Hals

22.3.1 Spatium peripharyngeum

- Das **Spatium peripharyngeum** ist eine Verschiebeschicht hinter und lateral des Pharynx. Es bildet gleichzeitig die Verbindungsstraße für Gefäße und Nerven zwischen Hals und Kopf.
- Es liegt zwischen der Schädelbasis und dem hinterem Mediastinum und wird begrenzt von:
  - **Lamina praevertebralis fasciae cervicalis**
  - **Fascia buccopharyngea**
- Ein paariges **Septum sagittale** teilt es im oberen Abschnitt in das **Spatium retropharyngeum** und das **Spatium parapharyngeum**.
  - In diesen beiden Verschiebespalten können sich leicht Entzündungen bzw. Tumoren ausbreiten, die auch die Parotisloge und den äußeren Gehörgang erreichen können.

Abschnitt	Grenzen		Strukturen
Spatium retropharyngeum (unpaar)	ventral	Fascia buccopharyngea	(keine nennenswerten Strukturen)
	dorsal	Lamina praevertebralis fasciae cervicalis	
	lateral	Septa sagittalia	

Spatium lateropharyngeum = **Spatium parapharyngeum** (paarig)	ventral	Spitzwinklig im Bereich der Raphe pterygomandibularis	- Im Bereich der **Raphe pterygomandibularis** ist die Fascia peripharyngea mit dem tiefen Blatt der Fascia masseterica verwachsen.
			- Der **Truncus sympathicus** verläuft an der dorsalen Wand auf den praevertebralen Halsmuskeln.
			- Die **Lamina profunda fasciae parotidei** (befestigt am Processus styloideus und umhüllt die dort entspringenden Muskeln) und **Aponeurosis stylopharyngea** (= mediale Fortsetzung des tiefen Blattes der Fascia parotidea, die an der Fascia buccopharyngea ansetzt) unterteilen es trennwandartig in:
			  - **Pars retrostyloidea** (dorsal) mit:
			    - **A. carotis interna**
			    - **V. jugularis interna**
			    - **N. glossopharyngeus** (Hirnnerv IX)
			    - **N. vagus** (Hirnnerv X)
			    - **N. accessorius** (Hirnnerv XI)
			    - **N. hypoglossus** (Hirnnerv XII)
			  - **Pars praestyloidea** (ventral) mit:
			    - Processus pharyngeus der **Gl. parotidea**
			    - **N. lingualis**
			    - **N. alveolaris inferior**
			    - **N. auriculotemporalis**
			    - **Chorda tympani**
			    - **Ganglion oticum**

	dorsal	Lamina praevertebralis fasciae cervicalis	
	lateral	Fascia masseterica, Parotisloge	

Tabelle 97: Spatium peripharyngeum

22.3.2 Horizontalschnitt des Spatium parapharyngeum

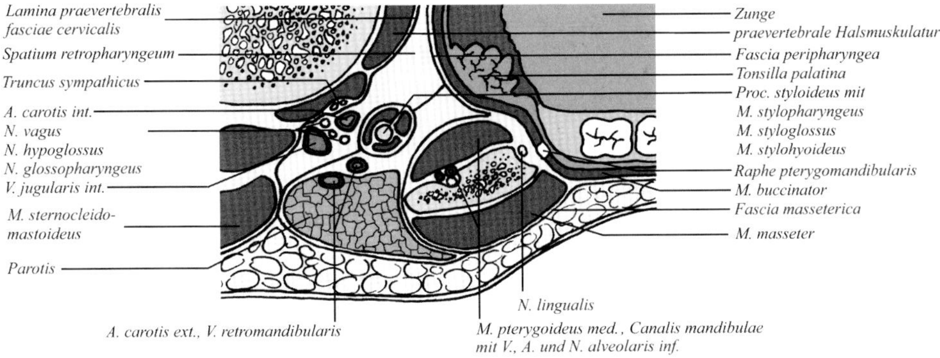

Abbildung 27: Horizontalschnitt Spatium parapharyngeum

22.3.3 Übersicht zur Schlundmuskulatur

Schlund-muskulatur	**Schlundschnürer**	**Schlundheber**
	M. constrictor pharyngis superior M. constrictor pharyngis medialis M. constrictor pharyngis inferior	M. palatopharyngeus M. stylopharyngeus

22.3.4 M. stylopharyngeus

Ist einer der Schlundheber, d.h. er verkürzt und hebt den Schlund.

Ursprung	Ansatz	Funktion	Nerv	Gefäße
Processus styloideus	- **Cartilago thyroidea** - **Tunica submucosa pharyngis**	**Heben des Pharynx**	**N. glossopharyngeus** (Hirnnerv IX)	**A. pharyngea ascendens**

Tabelle 98: M. stylopharyngeus

22.3.5 Truncus thyrocervicalis

- Er ist der gemeinsame Stamm der **A. thyroidea inferior**, der **A. cervicalis ascendens**, der **A. transversa colli** und der **A. suprascapularis**.
- Er entspringt am medialen Rand des M. scalenus anterior aus der **A. subclavia**.

22.3.6 Ganglion trigeminale

- Das halbmondförmige Ganglion des N. trigeminus (= **Ganglion gasseri**) liegt auf der Vorderfläche der Felsenbeinpyramide.
- Es führt **nur sensible Fasern** (vergleichbar einem Spinalganglion). Die motorischen Fasern des N. trigeminus laufen an der Unterseite des Ganglions vorbei und lagern sich allesamt dem N. mandibularis (V_3) an. Man unterscheidet daher eine **Radix motoria** und eine **Radix sensoria**.
- Hinter dem Ganglion teilt sich der N. trigeminus in den **N. ophthalmicus (V_1), N. maxillaris (V_2)** und **N. mandibularis (V_3)**.

22.3.7 N. petrosus major

- **Präganglionärer parasympathischer Ast des N. intermedius.**
- Tritt an der Vorderfläche der Felsenbeinpyramide aus dem Fazialiskanal aus und tritt ins **Foramen lacerum** ein. Dort vereinigt er sich mit dem **sympathischen N. petrosus profundus** und zieht weiter durch den Canalis pterygoideus zum **Ganglion pterygopalatinum**, wo er umgeschaltet wird.
- Die postganglionären Fasern ziehen vom Ganglion pterygopalatinum zur **Gl. lacrimalis**, zu den **Gll. nasales** und den **Gll. palatinae**, um diese parasympathisch zu innervieren.

22.3.8 Hypophyse

- Die Hypophyse (= Glandula pituitaria) liegt in der Fossa hypophysialis der **Sella turcica** des Keilbeins.
- Dabei grenzt das **Diaphragma sellae** die Fossa hypophysialis gegen die Schädelhöhle ab.
- Der **Hypophysenstiel** verbindet Hypophyse und Hypothalamus.
- Die Hypophyse gliedert sich in:
  - **Neurohypophyse** (= Lobus posterior = Hypophysenhinterlappen)
  - **Adenohypophyse** (= Lobus anterior = Hypophysenvorderlappen): Die Adenohypophyse besteht aus der **Pars distalis**, der **Pars tuberalis** und der **Pars intermedia**.

- **Adenome der Hypophyse** sind häufig. Sie können bei starkem Wachstum auf das Chiasma opticum drücken und die Sehbahn unterbrechen.
  Im Verlauf des Tumorwachstums kann es auch zu einer vermehrten Ausschüttung der Hypophysenhormone kommen: Z.B. würde ein Wachstumshormonüberschuß beim Erwachsenen zu einer Vergrößerung der Akren führen oder eine vermehrte Ausschüttung von ACTH eine Nebennierenrinden-Überfunktion (= **hypophysärer Morbus Cushing**) auslösen.

- Die **Neurohypophyse** ist aus dem Zwischenhirn entstanden, mit dem sie in Verbindung geblieben ist.
- **Entwicklung der Adenohypophyse**:
  - Sie entwickelt sich aus einer bläschenförmigen Abschnürung vom Epithel des Rachendaches, der **Rathke-Tasche**.
  - Die Rathke-Tasche wächst dem Infundibulum der Neurohypophyse entgegen, das aus einer Ausstülpung des **Zwischenhirns** entsteht. Die Rathke-Tasche lagert sich dabei dem Infundibulum ventral an.
  - Die Rathke-Tasche entwickelt sich zur:
    - **Pars intermedia**: Dieser sehr kleine Zwischenlappen entsteht aus den hinteren Anteilen der Rathke-Tasche, die direkt an das Infundibulum grenzen.
    - **Pars distalis**: Sie entsteht aus den vorderen Wandabschnitten der Rathke-Tasche.
    - **Pars tuberalis**: Sie entsteht aus den Wandabschnitten der Rathke-Tasche, die sich gegen den Hypophysenstiel vorschieben. Die Pars distalis liegt später dann vor dem Hypophysenstiel.

22.4 Arm

22.4.1 M. extensor carpi radialis longus

Er gehört zu der radialen Muskelgruppe des Unterarms.

Ursprung	Ansatz	Funktion	Nerv	Gefäße
Crista supra-condylaris humeri	Dorsal an der **Basis ossis metacarpalis II**	- Ellenbogengelenk: **Flexion** - Handgelenke: **Extension** (zusammen mit dem M. flexor carpi radialis) - **Pronation** aus extremer Supination	**N. radialis**	**A. radialis**

Tabelle 99: M. extensor carpi radialis longus

22.4.2 M. extensor carpi radialis brevis

Er gehört zu der radialen Muskelgruppe des Unterarms.

Ursprung	Ansatz	Funktion	Nerv	Gefäße
Epicondylus lateralis humeri	Dorsal an der **Basis ossis metacarpalis III**	**Extension** in den Handgelenken	**R. profundus des N. radialis**	**A. radialis**

Tabelle 100: M. extensor carpi radialis brevis

22.4.3 M. flexor carpi radialis/ M. palmaris longus

Sie gehören zu den oberflächlichen Flexoren des Unterarms.

	Ursprung	Ansatz	Funktion	Nerv	Gefäße
M. flexor carpi radialis	- **Epicondylus medialis humeri** - **Fascia antebrachii**	- Palmar an der **Basis ossis metacarpalis II**	- Hand: **Flexion** - Pronation aus extremer Supination - **Radialabduktion**	**N. medianus**	**A. radialis**
M. palmaris longus	- **Epicondylus medialis humeri**	- **Aponeurosis palmaris** - **Hohlhand**	- Hand: Flexion - **Spannen der Palmaraponeurose**		**A. ulnaris**

Tabelle 101: M. flexor carpi radialis/ M. palmaris longus

22.4.4 Übersicht zur Handmuskulatur

Hand-muskulatur	**Thenargruppe**	**mittlere**	**Hypothenargruppe**
	Daumenballen	tiefe Hohlhand	Kleinfingerballen
	M. abductor pollicis brevis M. flexor pollicis brevis M. opponens pollicis M. adductor pollicis	Mm. lumbricales Mm. interossei palmares Mm. interossei dorsales	M. abductor digiti minimi M. flexor digiti minimi brevis M. opponens digiti minimi M. palmaris brevis

22.4.5 M. anconaeus

Er gehört zu den Extensoren des Oberarms.

Ursprung	Ansatz	Funktion	Nerv	Gefäße
Dorsal am **Epicondylus lateralis**	- **Olekranon** - **Facies posterior ulnaris**	**Extension**	**N. radialis**	Rr. musculares der **A. brachialis**

Tabelle 102: M. anconaeus

22.4.6 M. flexor digitorum profundus

Er gehört zu den tiefen Flexoren des Unterarms.

	Ursprung	Ansatz	Funktion	Nerv	Gefäße
Ulnarer Teil	- **Facies anterior ulnae** - Fascia antebrachii	Palmar an der Basis der **End-phalangen II-V**	- Hand: **Flexion,** Ulnarabduktion (ulnarer Teil) - Fingergelenke II-V: **Flexion**	**N. ulnaris**	**A. radialis**
Radialer Teil	- **Membrana interossea antebrachii**			**N. interosseus antebrachii anterior** (N. medianus)	

Tabelle 103: M. flexor digitorum profundus

22.4.7 M. flexor digitorum superficialis

Er gehört zu den oberflächlichen Flexoren des Unterarms.

	Ursprung	Ansatz	Funktion	Nerv	Gefäße
Caput humero-ulnare	- **Epicondylus medialis humeri** - **Processus coronoideus ulnae**	Lateral an den **Mittel-phalangen der Finger II-V**	- Ellenbogen : geringe Flexion über das Caput humeroulnare - Hand: **Flexion** - Grund- und Mittelgelenke der Finger II-V: **Flexion**	**N. medianus**	- **A. ulnaris** - **A. radialis**
Caput radiale	- Ventrale Fläche des **Radius**				

Tabelle 104: M. flexor digitorum superficialis

22.4.8 Mm. lumbricales

- Sie gehören zur mittleren Gruppe der Handmuskeln.
- Die Mm. lumbricales I+II sind einköpfig, die Mm. lumbricales III+IV sind zweiköpfig.
- Hinweis: Als Dorsalaponeurose der Hand bezeichnet man eine gemeinsame **Sehnenplatte**, die gebildet wird vom M. extensor digitorum, den Mm. interossei und den Mm. lumbricales.

Ursprung	Ansatz	Funktion	Nerv	Gefäße
Radial an den **Sehnen des M. flexor digitorum profundus**	**Dorsal-aponeurose der Finger II-V**	- Grundgelenke: **Flexion** - Mittel- und Endgelenke: **Extension**	- I + II: **N. medianus** - III + IV: **R. profundus** des **N. ulnaris**	Aa. metacarpales palmares aus dem **Arcus palmaris profundus**

Tabelle 105: Mm. lumbricales

22.4.9 Palmaraponeurose

- Sie ist eine fächerförmige Sehnenplatte in der Hohlhand und besteht aus der Fortsetzung der Sehne des **M. palmaris longus**, sowie aus Verstärkungen in der Faszie der Hand.
- Sie ist mit der Haut der Hohlhand durch straffe Faserzüge (= **Retinacula cutis**) nahezu unverschieblich verbunden und schützt die unter ihr verlaufenden Nerven und Gefäße.

Sie wird durch den **M. palmaris brevis** gespannt.

23 20. Tag

23.1 Kopf und Hals

23.1.1 Septum nasi

- Die Nasenscheidewand besteht aus 2 Anteilen:
  - knöcherner Anteil: **Vomer,** Laminae perpendicularis des **Os ethmoidale**.
  - knorpeliger Anteil: **Cartilago septi nasi**.

23.1.2 Arterien der Nasenschleimhaut

- **Aa. nasales anteriores**: Stammen aus der **A. ethmoidalis anterior** (diese ist ein Ast der A. ophthalmica und gelangt durch das Foramen ethmoidale anterior und die Lamina cribrosa in die vordere Nasenhöhle).
- **Aa. nasales posteriores lateralis et septi**: Sie stammen aus der **A. sphenopalatina** (einem Endast der A. maxillaris. Sie gelangen durch das Foramen sphenopalatinum in die hintere Nasenhöhle).
- Endäste der **A. ethmoidalis posterior**: Die A. ethmoidalis posterior ist ein Ast der **A. ophthalmica** und gelangt durch das Foramen ethmoidale posterior zur hinteren Nasenhöhle.
- Kleinere Äste der **A. facialis** und **A. infraorbitalis**.

- Eine wichtige Anastomose besteht dabei zwischen der **A. carotis externa** und **A. carotis interna**. Sie ist deshalb so bedeutsam, da über sie bei einem Verschluß der A. carotis interna ein kollateraler Versorgungskreislauf des Schädelinneren besteht. Bei einem derartigen Verschluß der A. carotis interna ist ein deutlicher Puls an der A. angularis, medial der Orbita, zu tasten.

A. carotis externa → A. facialis → A. angularis ↕
A. carotis interna → A. ophthalmica → A. dorsalis nasi

23.1.3 Venen der Nasenschleimhaut

- Der **Plexus cavernosus concharum** ist ein Venenplexus in der Schleimhaut der Nase, der im Bereich des knorpeligen Nasenseptums besonders dicht ist (= **Locus Kiesselbachii**).

- In den meisten Fällen von **Nasenbluten** blutet es aus diesem Plexus.

- Der Abfluß des Blutes erfolgt:
  - über die Vv. ethmoidales und die V. ophthalmica superior in den **Sinus cavernosus**.
  - über den Plexus pterygoideus in die **V. facialis** und **V. retromandibularis**.

23.1.4 Nasennebenhöhlen

- Der **Ductus nasolacrimalis** mündet schräg in den **unteren Nasengang**. Diese Öffnung wird jedoch durch eine Schleimhautfalte (= **Hasner-Falte**) verschlossen.
- Der Hiatus semilunaris (= ein halbmondförmiger Spalt im **mittleren Nasengang**) stellt eine Verbindung zum **Sinus frontalis**, zum **Sinus maxillaris** und zu den **Cellulae ethmoidales anteriores** her.
- In den **oberen Nasengang** münden die **Cellulae ethmoidales posteriores** und der **Sinus sphenoidalis**.

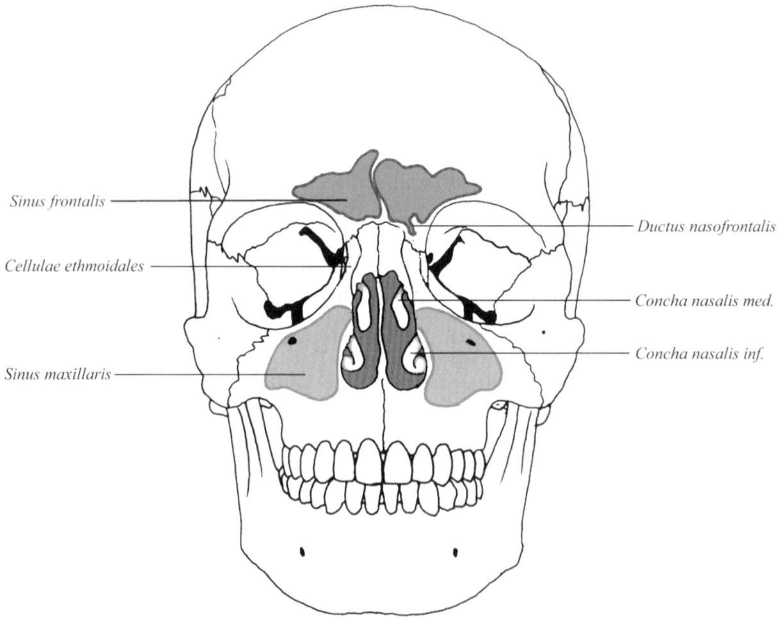

Abbildung 28: Nasennebenhöhlen

23.2 Pharynx

23.2.1 Velum palatinum

- Das **Gaumensegel** bildet den hinteren, beweglichen Anteil des Gaumens.
- Es besteht hauptsächlich aus einer derben Bindegewebsplatte, der **Aponeurosis palatina**, in die die Sehnen folgender Muskeln einstrahlen:
  - **M. levator veli palatini** (paarig)
  - **M. tensor veli palatini** (paarig)
  - **M. palatoglossus** (paarig)
  - **M. palatopharyngeus** (paarig)
  - **M. uvulae** (unpaar)

Ein schlaffes oder sehr großes Gaumensegel ist eine der möglichen Ursachen des Schnarchens.

23.2.2 M. levator veli palatini/ M. tensor veli palatini

	Ursprung	Ansatz	Funktion	Nerv	Gefäße
M. levator veli palatini	- Knorpel der **Tuba auditiva** - Facies inferior partis petrosae	Die Muskeln beider Seiten durchflechten sich und setzen an der **Aponeurosis palatina** als Muskel-schlingen an	- Heben des Gaumensegels - Drücken des Gaumensegels gegen die hintere Pharynxwand - **Öffnen der Tuba auditiva**	**Plexus pharyngealis** (N. glosso-pharyngeus, N. vagus, Truncus sympathicus)	**A. pharyngea ascendens** (aus der A. carotis externa)
M. tensor veli palatini	- Fossa scaphoidea der **Ala major ossis sphenoidalis** - Lamina membranacea **tubae auditivae**	Um den Hamulus pterygoideus herum zur **Aponeurosis palatina**	- Spannen des Gaumensegels - **Öffnen der Tuba auditiva**	**N. tensoris veli palatini** (aus dem N. lingualis, V_3)	

Tabelle 106: M. levator veli palatini/ M. tensor veli palatini

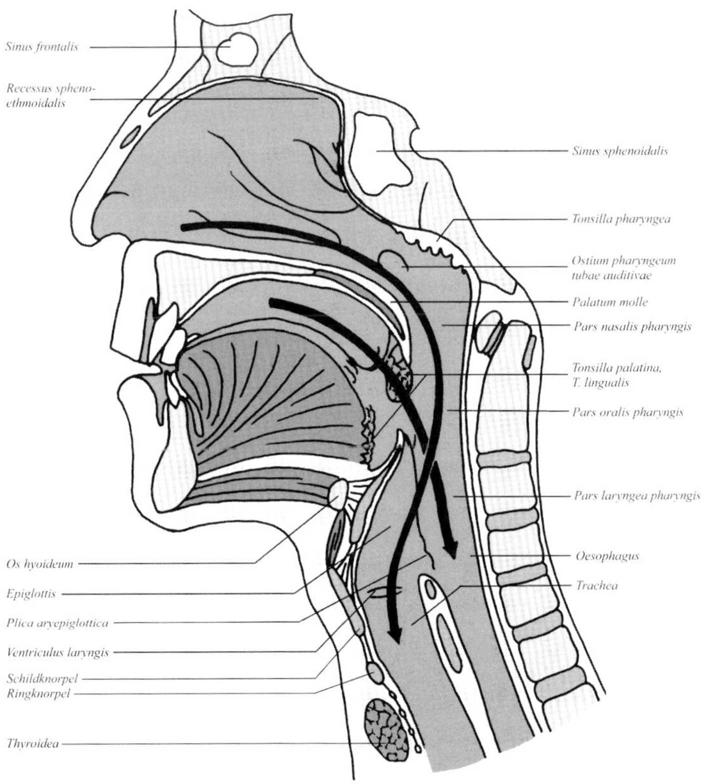

Abbildung 29: Sagittalschnitt durch den Pharynx

23.2.3 Gliederung des Pharynx

Abschnitt	Ventrale Öffnung	Beschreibung
Epipharynx = Nasopharynx (= Pars nasalis pharyngis)	über die Choanen in die **Nasenhöhle**	- Ventral bilden die **Choanen** die Verbindung zur Nasenhöhle. - Kranial liegt der **Fornix pharyngis** (Dach) mit der **Tonsilla pharyngea**. Nach Hypertrophie (vor der Pubertät) kann sie Atembeschwerden verursachen kann. Umgangssprachlich wird eine vergrößerte Tonsilla pharyngea als „Polypen" bezeichnet. - An der lateralen Vorderwandkante bildet das **Ostium pharyngeum tubae auditivae** (das die Verlängerung der unteren Nasenmuschel darstellt) die Verbindung zwischen Pharynx und Cavitas tympani. Die Tuba auditiva kann über die untere Nasenmuschel sondiert werden. - Am Unterrand des Ostiums wird durch den M. levator veli palatini der **Torus levatorius** (**Levatorwulst**) vorgewölbt. - Um das Ostium pharyngeum tubae auditivae herum bildet lymphoretikuläres Bindegewebe die **Tonsilla tubaria** (= Seitenstrang). Ihre Schwellung kann die Tubenöffnung verschließen und so die Ventilation des Cavum tympani behindern. - Der freie Rand des Tubenknorpels wirft am Ostium pharyngeum tubae auditivae den **Tubenwulst** (= **Torus tubarius**) auf. - Hinter dem Torus tubarius befindet sich der **Recessus pharyngeus** (= Rosenmüllersche Grube).
Mesopharynx = Oropharynx (= Pars oralis pharyngis)	über das Isthmus faucium in die **Mundhöhle**	- Hier liegen der **Isthmus faucium** und der **Zungengrund**. - Zwischen dem Kehldeckel-Oberrand und dem Unterrand des Zungengrundes liegt eine Grube (= **Vallecula epiglottica**), die durch die beiden **Plicae glossoepiglotticae laterales** begrenzt wird. - Die Vallecula epiglottica wird durch die **Plica glossoepiglottica mediana** unterteilt. - In der Lamina propria des Mesopharynx kommt lymphoretikuläres Gewebe vor, das mit den Tonsillen den **Waldeyer-Rachenring** bildet.

Hypopharynx
 	
(= Pars laryngea pharyngis)
	geht über in **Oesophagus-mund** und **Kehlkopf**	- Den **Aditus laryngis** (= Kehlkopfeingang) umfassen:
		  - **Oberrand der Epiglottis**
		  - **Plicae aryepiglotticae**
		  - **Incisura interarytenoidea**
		- Durch Vorwölbungen von Kehlkopfrückseite und Kehlkopfeingang ins Pharynxlumen entstehen seitliche Schleimhauttaschen (= **Recessus piriformis**). Nahrungsbestandteile gleiten so nicht über die Epiglottis, sondern seitlich daran vorbei zum Ösophagusmund.
		- Im Recessus piriformis wirft der N. laryngeus superior eine Schleimhautfalte auf, die **Plica n. laryngei**. Fremdkörper im Recussus reizen diesen Nerv und lösen den Würgereflex aus.

Tabelle 107: Gliederung des Pharynx

23.2.4 Waldeyer-Rachenring

- Der lymphatische Rachenring (**Waldeyer-Rachenring**) dient der Abwehr von Infektionen.
- Er besteht aus: **Tonsillae palatinae** (paarig)/ **Tonsilla pharyngea** (unpaar)/ **Tonsilla lingualis** (unpaar)/ **Seitenstrang** (= lymphatisches Gewebe in der Seitenwand des Pharynx, das im Bereich des Ostium pharyngeum tubae auditivae auch als **Tonsilla tubaria** bezeichnet wird).

23.2.5 Schlundschnürer

	Ursprung	Ansatz	Funktion	Nerv	Gefäße
M. constrictor pharyngis superior	**Pars pterygopharyngea**: - Lamina medialis processus pterygoidei - Hamulus pterygoideus	**Raphe pharyngis**	**Verengung des Pharynx** beim Schlucken	**N. glosso-pharyngeus** (N. IX)	- **A. pharyngea ascendens** (aus der A. carotis externa) - Rr. pharyngei der **A. thyroidea superior** - Rr. pharyngei der A. thyroidea inferior - Rr. pharyngei der **A. lingualis**
	Pars buccopharyngea: - Raphe pterygo-mandibularis				
	Pars mylopharyngea: - Linea mylohyoidea mandibulae				
	Pars glossopharyngea: - Radix linguae				
M. constrictor pharyngis medialis	**Pars chondropharyngea**: - Cornu minor ossis hyoidei			**Plexus pharyngealis** (N. glosso-pharyngeus, N. vagus, Truncus sympathicus)	
	Pars ceratopharyngea: - Cornu major ossis hyoidei				
M. constrictor pharyngis inferior	**Pars thyropharyngea**: - Cartilago thyroidea (Seitenfläche)	Durch-flechten sich gegenseitig		**N. vagus** (N. X)	
	Pars cricopharyngea: - Cartilago cricoidea				

Tabelle 108: Schlundschnürer

23.2.6 Übersicht zur Zungenmuskulatur

Zungenmuskulatur

innere	äußere
M. verticalis M. longitudinalis superior M. longitudinalis inferior M. transversus linguae	M. genioglossus M. hyoglossus M. styloglossus

23.2.7 Äußere Zungenmuskulatur

	Ursprung	Ansatz	Funktion	Nerv	Gefäße
M. genioglossus	- **Spina mentalis mandibulae**	**Aponeurosis lingualis**	- Zieht die Zunge nach **vorne unten**	**N. hypoglossus** (N. XII)	**A. lingualis** (aus der A. carotis externa)
M. hyoglossus	- **Cornu ossis hyoidei** - **Corpus ossis hyoidei**	**Aponeurosis lingualis**	- Zieht die Zunge nach **hinten unten** - Einseitig: Senkt die Zunge zur gleichen Seite		
M. styloglossus	- **Processus styloideus**	Am Zungen-rand bis zur Zungenspitze	- Zieht die Zunge nach **hinten oben** - Einseitig: Hebt die Zunge zur gleichen Seite		

Tabelle 109: Außenmuskulatur der Zunge

24 21. Tag

24.1 Kopf

24.1.1 N. laryngeus inferior

- Er ist der Endast des **N. laryngeus recurrens** (Ast des N. vagus).
- Er innerviert motorisch die **inneren Kehlkopfmuskeln**.
- Er versorgt sensibel und sekretorisch die **Kehlkopfschleimhaut** unterhalb der Rima glottidis.

24.1.2 Membrana thyrohyoidea

- Sie verbindet flächenhaft den oberen Rand der **Cartilago thyroidea** mit dem **Os hyoideum**.
- Über die Membrana thyrohyoidea werden alle Bewegungen des Os hyoideum auf den Kehlkopf übertragen.
- Sie zeigt beiderseits Öffnungen für:
  - **A.** und **V. laryngea superior**
  - R. internus des **N. laryngeus superior** (aus dem N. vagus, Hirnnerv X)

24.1.3 N. palatinus major/ Nn. palatini minores

- Sie sind Äste der **Nn. ganglionici** (Äste des N. maxillaris).
- Sie ziehen durch das **Foramen palatinum majus** (N. palatinus major) bzw. **Foramen palatinum minus** (Nn. palatini minores) zum Gaumen.
- Sie innervieren sensibel die **Gaumenschleimhaut**, die Gaumenbögenschleimhaut, die Schleimhaut der Tonsillen und der Uvula.
- Ihnen lagern sich sekretorische postganglionäre Fasern an, die zu den Gll. palatinae ziehen.

24.2 Mundhöhle

24.2.1 Arcus palatoglossus/ Arcus palatopharyngeus

- Der vordere und hintere Kehlkopfbogen sind Bestandteile des Isthmus faucium. Und zwar sind es durch den **M. palatoglossus** und **M. palatopharyngeus** hervorgerufene Bögen an beiden Seitenwänden am Übergang der Mundhöhle in den Rachen.
- Zwischen ihnen liegt die **Tonsilla palatina** (Gaumenmandel).

24.2.2 Ligg. vocalia

- Die **Stimmbänder** spannen sich zwischen den **Processus vocales** der Cartilagines arytenoideae und der Innenfläche der **Cartilago thyroidea** durch den Kehlkopfinnenraum aus.
- Sie begrenzen die **Rima glottis** (= Stimmritze) und beteiligen sich an der **Tonerzeugung**.

24.2.3 Conus elasticus

- Hierbei handelt es sich um eine **elastische Membran**, die den Oberrand des Ringknorpels mit den Stimmbändern verbindet.
- Die **Stimmbänder** sind die oberen, verdickten, freien Ränder des Conus elasticus.
- Er setzt sich nach kaudal in die elastischen Fasern der Luftröhrenschleimhaut fort.
- Der vorne sichtbare Bereich zwischen Arcus cartilaginis cricoideae und der Unterkante des Schildknorpels wird als **Lig. cricothyroideum** bezeichnet.

24.2.4 Übersicht zur Kehlkopfmuskulatur

Kehlkopfmuskulatur	**innere**	**äußere**
	M. cricoarytenoideus posterior M. cricoarytenoideus lateralis M. thyroarytenoideus M. vocalis M. arytenoideus transversus M. arytenoideus obliquus M. aryepiglotticus M. thyroepiglotticus	M. cricothyroideus M. thyrohyoideus

24.2.5 Innere Kehlkopfmuskeln

Folgende innere Kehlkopfmuskeln werden vom **N. laryngealis inferior** (aus dem N. vagus) innerviert.

	Ursprung	**Ansatz**	**Funktion**	**Wirkung auf die Stimmritze**	**Wirkung auf Stimmbänder**
M. crico-arytenoideus posterior (= **Posticus**)	Lamina cartilaginis cricoideae	Processus muscularis cartilaginis arytenoideae	- Zieht den Proc. muscularis nach dorsal - Zieht den Proc. vocalis nach lateral	- **Erweiterung**	**Anspannung**
M. crico-arytenoideus lateralis (= Phonations-muskel)	Arcus cartilaginis cricoideae		- Zieht den Proc. muscularis nach ventral und kaudal	- **Verschluß der Pars intermem-branacea** - **Erweiterung der Pars inter-cartilaginea**	**Entspannung**
M. thyro-arytenoideus	Innenfläche der Cartilago thyroidea	Fovea oblonga der Cartilago arytenoidea	- Antagonist des Posticus	- **Verschluß der Pars intermem-branacea**	**Anspannung**
M. vocalis		Processus vocalis der Cartilago arytenoidea	- Nähert die Cart. thyroidea dem Proc. vocalis des Aryknorpels an	- **Vollständiger Verschluß**	**Fein-regulation**
M. arytenoideus transversus	Zwischen den beiden Processus musculares der Cartilago arytenoidea der beiden Seiten		- Bringt beide Aryknorpel aneinander	- **Verschluß der Pars inter-cartilaginea**	**Anspannung**
M. arytenoideus obliquus	Processus muscularis der Cartilago arytenoidea	Apex der Cartilago arytenoidea der Gegenseite	- Kippt die Aryknorpel auf die abfallende Kante der Lamina cricoidea		
M. aryepiglotticus	Apex der Cartilago arytenoidea	Seitenrand der Epiglottis	- Verengt Aditus laryngis - Zieht die Epiglottis nach dorsal	Keine	
M. thyro-epiglotticus	Innenseite der Cartilago thyroidea		- Erweitert Aditus laryngis - Zieht die Epiglottis nach ventral		

Tabelle 110: innere Kehlkopfmuskulatur

24.2.6 M. cricothyroideus

Er ist ein **äußerer Kehlkopfmuskel** und wird innerviert vom R. externus des **N. laryngealis superior**.

Ursprung	Ansatz	Funktion	Wirkung auf Stimmritze	Wirkung auf Stimmbänder
Arcus cartilaginis cricoideae	**Lamina cartilaginis thyroideae**	Kippt die **Lamina cartilaginis cricoideae** nach hinten	keine	**Anspannung**

Tabelle 111: M. cricothyroideus

24.2.7 Kehlkopfskelett

Knorpel		Beschreibung

Cartilago thyroidea = Schildkorpel	**Hyalin**	- Der Schildknorpel ist das größtes Knorpelstück des Kehlkopfes und bedeckt die übrigen Anteile.
		- Der Schildknorpel setzt sich aus zwei annähernd rechteckigen Platten (= Laminae cartilaginis thyroideae) zusammen, die vorne in der Medianebene rechtwinklig verbunden sind.
		- An dieser Verbindungsstelle liegt kranial die **Incisura thyroidea superior**, die bis zur **Prominentia laryngis** (= Adamsapfel) hinunterreicht. Die kaudale **Incisura thyroidea inferior** ist weniger stark ausgeprägt.
		- Die beiden Laminae cartilaginis thyroideae laufen nach dorsal in zwei schlanke Fortsätze aus:
		    - **Cornua inferiora**: Sie haben eine gelenkige Verbindung mit dem Ringknorpel in der Articulatio cricothyroidea.
		    - **Cornua superiora**: Sind über das **Lig. thyrohyoideum** mit dem Os hyoideum verbunden.
		- Der gesamte obere Rand des Schildknorpels ist durch die **Membrana thyrohyoidea** auch mit dem Os hyoideum verbunden.

Cartilago cricoidea = Ringknorpel		- Der Ringknorpel ist das Grundelement des Kehlkopfes.
		- Er hat die Form eines **Siegelrings**:
		    - Die breite Fläche (**Lamina cartilaginis cricoideae**) zeigt dabei nach hinten und liegt in der dorsalen Öffnung des Schildknorpels
		    - Der ringförmige Bogen (**Arcus cartilaginis cricoideae**) zeigt nach ventral und liegt direkt unter dem ventralen Teil des Schildknorpels.
		- Er trägt die **Gelenkflächen für die Kehlkopfgelenke**:
		    - Zwei kleine ovale Gelenkflächen hinten oben für die Stellknorpelgelenke (= **Articulatio cricoarytenoidea**).
		    - Zwei Gelenkflächen hinten unten für die Verbindung zum Schildknorpel (= **Articulatio cricothyroidea**).

Cartilagines arytenoideae = Stellknorpel		- Sie sitzen hinten oben dem Ringknorpel auf und sind über die **Articulatio cricoarytenoidea** drehbar und verschieblich.
		- Sie haben die Form einer **gekrümmten Pyramide**, wobei die Spitze nach hinten oben zeigt.
		- Die Basis dieser Pyramide läuft in zwei Fortsätze aus:
		    - **Processus muscularis** (nach lateral) für den Ansatz der Muskeln.
		    - **Processus vocalis** (nach ventral) für den Ansatz des Stimmbandes.

Epiglottis = Kehldeckel	**Elastisch**	- Der Kehldeckel ist ein tennisschlägerförmiger, langgestreckter und mehrfach durchlöcherter Knorpel, dessen oberes Ende zur Mundhöhle zeigt. - Das zugespitze untere Ende (Stiel des Tennisschlägers), der Petiolus, ist unmittelbar oberhalb des Stimmbandes durch das **Lig. thyroepiglotticum** am Schildknorpel befestigt. - Er ist sehr biegsam und legt sich beim Schlucken über den Kehlkopfeingang. Dabei wird er abgeknickt.
kleine Kehlkopfknorpel		- Kleinere Knorpel des Kehlkopfskeletts sind die Cartilago cuneiformis und die Cartilago corniculata.

Tabelle 112: Kehlkopfskelett

24.3 Arm

24.3.1 Tabatière

- Die **Foveola radialis** (= „**Tabatière**“) tritt bei maximaler Extension des Daumens deutlich hervor.
- Sie wird begrenzt von folgenden Strukturen:
    - **Sehne des M. extensor pollicis longus** (deutlich sichtbar)
    - **Sehne des M. extensor pollicis brevis** (lateral davon)
    - **Retinaculum extensorum** (als proximale Grenze)
    - **Os scaphoideum, Os trapezium** (Boden der Grube)
- Über die begrenzenden Muskelsehnen treten die Endverzweigungen des R. superficialis des N. radialis.
- In der Foveola radialis verläuft die **A. radialis** mit ihren Begleitvenen. Die A. radialis gibt hier den R. carpalis dorsalis ab und ist palpabel.

Ein Druckschmerz im Bereich der Tabatière ist typisch für eine Fraktur des Os scaphoideum.

24.3.2 A. radialis

- Sie setzt die Verlaufsrichtung der A. brachialis fort und zieht über den M. pronator teres hinweg. Sie tritt in die **radiale Gefäß-Nerven-Straße** zwischen M. flexor carpi radialis und M. brachioradialis ein. Zwischen den Endsehnen der beiden Muskeln über dem Radiokarpalgelenk liegt sie oberflächlich.
- Anschließend biegt sie von radial her nach dorsal in die **Tabatière** ein und gelangt unter der Sehne des M. extensor pollicis longus zwischen dem 1.+2. Mittelhandknochen wieder auf die palmare Handseite. Dort geht sie in den **Arcus palmaris profundus** über.

Äste		**Beschreibung**
A. recurrens radialis		Sie ist rückläufig und anastomosiert mit dem **R. anterior** der **A. collateralis radialis**. Sie steht auch mit dem **Rete articulare cubiti** in Verbindung.
R. carpalis palmaris		Er zieht zum **Rete carpale palmare** (Gefäßnetz auf den Handwurzelknochen).
R. palmaris superficialis		Er **durchbricht die Thenarmuskulatur** und zieht zum oberflächlichen Hohlhandbogen.
R. carpalis dorsalis		Er zieht zum **Rete carpale dorsale** (Gefäßnetz dorsal auf der Handwurzel unter den Extensorensehnen).
	A. metacarpalis dorsalis II-V	Sie geben die **Aa. digitales dorsales II-V** ab.
A. metacarpalis dorsalis I		Versorgt den Daumen und gibt die **A. digitalis dorsalis I** ab.
A. princeps pollicis		Entspringt zwischen M. interosseus dorsalis I und M. adductor pollicis.
	Aa. digitales palmares	Diese beiden Arterien versorgen die **mediale und laterale Seite des Daumens**.
	A. radialis indicis	Sie zieht zur **radialen Seite des Zeigefingers**. Sie kann alternativ auch aus dem Arcus palmaris profundus abgehen.
Arcus palmaris profundus (= tiefer Hohlhandbogen)		Er erhält zusätzliche Zuflüsse aus dem **R. palmaris profundus der A. ulnaris**. Er liegt, wie auch der R. profundus des N. ulnaris, unter den langen Flexorensehnen auf den Basen der Ossa metacarpalia.
	Aa. metacarpales palmares	Diese 3-4 Gefäße ziehen zur **Muskulatur zwischen den Mittelhandknochen**.
	Rr. perforantes	Sie verbinden die Aa. metacarpales palmares mit den **Aa. metacarpales dorsales**.

Tabelle 113: Äste der A. radialis

24.3.3 A. ulnaris

- Sie zieht zusammen mit ihren Begleitvenen und dem N. ulnaris unter dem M. flexor carpi ulnaris entlang. An der Handwurzel verläuft sie dementsprechend neben seiner Sehne und ist dort zu tasten.
- Letztlich zieht sie über das Retinaculum flexorum und geht unter der Palmaraponeurose in den **Arcus palmaris superficialis** über.

Äste		Beschreibung
A. recurrens ulnaris		Sie ist rückläufig und spaltet sich unter dem **M. pronator teres**:
	R. anterior	Anastomosiert mit der **A. collateralis ulnaris inferior**.
	R. posterior	Anastomosiert mit dem **Rete articulare cubiti** und der **A. collateralis ulnaris superior**.
A. interossea communis		Sie teilt sich nach kurzem Verlauf:
	A. interossea anterior	Sie verläuft **auf der Membrana interossea antebrachii** zwischen dem M. flexor digitorum profundus und M. flexor pollicis longus. Sie versorgt den **M. pronator quadratus**. Sie gibt ab: - einen Endast zum **Rete carpale palmare**. - ein distaler Ast zieht durch die Membrana interossea antebrachii zum **Rete carpale dorsale**. - **A. commitans n. mediani**: begleitet den N. medianus.
	A. interossea posterior	Sie zieht zwischen der Membrana interossea antebrachii und der Chorda obliqua und dann zwischen oberflächlicher und tiefer Streckerschicht zum **Rete carpale dorsale**. Sie versorgt die tiefen Extensoren. Ein Ast, die **A. interossea recurrens,** zieht unter dem M. anconaeus nach oben zum **Rete articulare cubiti**.
R. carpalis palmaris		Zieht zum **Rete carpale palmare** (Gefäßnetz auf den Handwurzelknochen).
R. carpalis dorsalis		Zieht zum **Rete carpale dorsale** (Gefäßnetz auf dem Handrücken).
R. palmaris profundus		Zieht zum **tiefen Hohlhandbogen**.
Arcus palmaris superficialis		Er liegt **zwischen der Palmaraponeurose und den langen Flexorensehnen** auf den Nn. digitales palmares communes. Gelegentlich existiert eine Anastomose mit dem **R. palmaris superficialis aus der A. radialis**.
	A. digitalis propria	Sie versorgt die **ulnar-palmare Kante des Fingers V**.
	Aa. digitales palmares communes	Diese 3 Arterien spalten sich an den Basen der Grundphalanx in je zwei **Aa. digitales palmares propriae**. Diese verlaufen an den einanderzugekehrten Seiten der Finger zu deren Spitze und anastomosieren dort.

Tabelle 114: Äste der A. ulnaris

24.3.4 M. flexor pollicis longus

Er gehört zu den tiefen Flexoren des Unterarms.

Ursprung	Ansatz	Funktion	Nerv	Gefäße
- **Facies anterior radii** - **Membrana interossea antebrachii**	Palmar an der **Basis der Daumen-Endphalanx**	- <u>Hand und Daumen</u>: **Flexion** - <u>Daumensattelgelenk</u>: **Flexion** und Adduktion - <u>Proximales Handgelenk</u>: Radialabduktion	**N. interosseus antebrachii anterior** (aus dem N. medianus)	**A. radialis**

Tabelle 115: M. flexor pollicis longus

24.3.5 M. pronator quadratus

Er gehört zu den tiefen Flexoren des Unterarms.

Ursprung	Ansatz	Funktion	Nerv	Gefäße
Distal an der **Facies anterior ulnae**	Distal an der **Margo anterior radii**	**Pronation**	**N. interosseus antebrachii anterior**	**A. interossea anterior**

Tabelle 116: M. pronator quadratus

24.3.6 Mm. interossei

Sie gehören zu den tiefen Hohlhandmuskeln (= mittlere Muskelgruppe der Hand).

	Ursprung	Ansatz	Funktion	Nerv	Gefäße
Mm. interossei palmares I-III (einköpfig)	**Ossa metacarpalia II, IV** und **V**	**Dorsal-aponeurose der Finger II, IV-V**	- Grundgelenke: **Flexion** - Mittel- und Endgelenke: **Extension** und Adduktion in Richtung Mittelfinger	**R. profundus des N. ulnaris**	Aa. metacarpales palmares aus dem **Arcus palmaris profundus**
Mm. interossei dorsales I-IV (zweiköpfig)	Einander zugewandte Flächen der **Ossa meta-carpalia I-V**	**Dorsal-aponeurose der Finger II-IV**	- Grundgelenke: **Flexion** - Mittel- und Endgelenke: **Extension** - Zeigefingers: **Abduktion** nach radial - Mittelfingers: **Abduktion** nach radial und ulnar. - Ringfingers: **Abduktion** nach ulnar		

Tabelle 117: Mm. interossei

25 22. Tag

25.1 Kopf

25.1.1 Orbita

- Die **knöcherne Augenhöhle** enthält alle Weichteile des Sehapparates.
- Sie bildet die Grundlage für die Halterung und Bewegung des Auges.
- Sie hat die Form einer vierseitigen Pyramide, deren Spitze nach hinten medial zeigt.
- Oben grenzt sie an die **vordere Schädelgrube**, unten an den **Sinus maxillaris** und medial an die **Cellulae ethmoidales**.
- Sie wird von Periost ausgekleidet, das als **Periorbita** bezeichnet wird.

25.1.2 M. levator palpebrae superioris

- Er entspringt am **Anulus tendineus communis** und setzt mit einer breit aufgefächerten Sehne im **Bindegewebe des Oberlids** an.
- Er dient als Lidheber und wird innerviert vom **N. oculomotorius**.

25.1.3 A. ophthalmica

- Dieser Ast der **A. carotis interna** versorgt die **Orbita**.
- Die A. ophthalmica zieht durch den **Canalis opticus** von der mittleren Schädelgrube her in die Orbita. Dort zieht sie durch den **Anulus tendineus communis** zwischen die Augenmuskeln. Sie überkreuzt den N. opticus und verläuft dann mit dem M. obliquus superior nach vorne und teilt sich in zwei kleine Endäste.
- Ihre wichtigsten Äste sind:
  - **A. centralis retinae**: Tritt in den Sehnerv ein und versorgt ihn. Ihr Ausfall führt zur Erblindung.
  - **A. lacrimalis**: Zieht zur Tränendrüse und zum lateralen Augenwinkel.
  - **Rr. musculares**: Versorgen die äußeren Augenmuskeln.

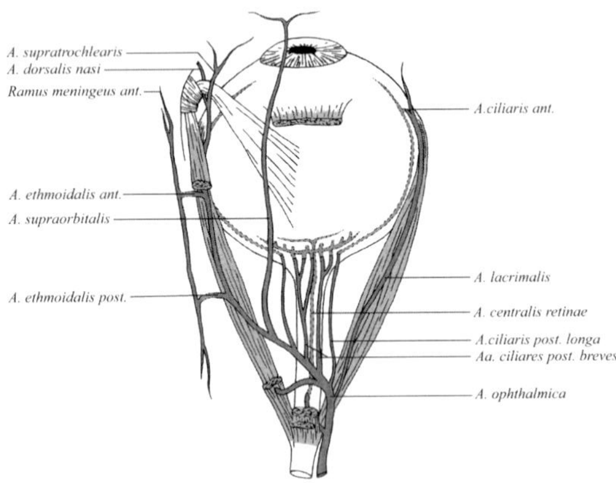

Abbildung 30: A. ophthalmica

25.1.4 Venen der Orbita

- **V. ophthalmica superior**
  - Sie sammelt das Blut aus dem Bulbus und der oberen Orbita und verläßt die Orbita durch die **Fissura orbitalis superior**. Sie mündet in den **Sinus cavernosus**.
  -  Sie bildet über die **V. angularis** mit der A. facialis eine Anastomose. Erreger aus dem Abflußgebiet der A. facialis können so in den Sinus cavernosus gelangen (→ Meningitis).
- **V. ophthalmica inferior**
  - Sie bildet sich am Boden der Orbita und erhält Zuflüsse aus der Nasenhöhle.
  - Sie bildet über die **V. angularis** mit der A. facialis eine Anastomose.
  - Sie mündet entweder in die **V. ophthalmica superior** oder verläßt die Orbita durch die Fissura orbitalis inferior, um in den **Plexus pterygoideus** zu münden.

25.1.5 Äußere Augenmuskulatur

- Sie entspringen (außer dem M. obliquus inferior) alle in der Tiefe der Orbita am **Anulus tendineus communis** (= sehniger Ring, der die Öffnung des Canalis opticus und den medialen Bereich der Fissura orbitalis superior umfaßt) und setzen an der Sklera des Augapfels an.
- Sie bilden in der Orbita einen pyramidenförmigen Muskelkegel, der den orbitalen Fettkörper einschließt.
- Die Spitze der Pyramide bildet der Anulus tendineus communis, die Basis der Bulbus oculi.

Muskelgruppe	Art	Muskel	Funktion
Gerade Augenmuskeln (wirken retrahierend, d.h. sie ziehen den Bulbus zurück)	Horizontal-motoren	**M. rectus medialis**	Adduktion
		M. rectus lateralis	Abduktion
	Vertikal-motoren	**M. rectus superior**	Hebung / Adduktion / Außenrotation
		M. rectus inferior	Senkung / Adduktion / Außenrotation
Schräge Augenmuskeln (wirken protrahierend)	Rotatoren	**M. obliquus superior**	Innenrotation / Abduktion / Senkung
		M. obliquus inferior	Außenrotation / Abduktion / Hebung

Tabelle 118: Äußere Augenmuskulatur

25.1.6 Nerven der Orbita

Nerv	Äste	Beschreibung
N. ophthalmicus		- Erreicht die Orbita durch die **Fissura orbitalis superior**.
	N. lacrimalis	- Läuft über den M. rectus lateralis durch die **Tränendrüse** zur Haut und Bindehaut des lateralen Augenwinkels. - Ihm lagern sich **sekretorische Fasern** der Tränendrüse an.

	N. frontalis	- Liegt auf dem **M. levator palpebrae superioris**.
		- Er teilt sich in:
		  - **N. supratrochlearis**: zur Haut des medialen Augenwinkels.
		  - **N. supraorbitalis**: zur Stirnhaut.

	N. nasociliaris	- Verläuft zuerst zwischen M. rectus superior und N. opticus, dann zwischen M. rectus medialis und M. obliquus superior. - Seine Äste versorgen: Haut und Bindehaut des medialen Augenwinkels/ **Saccus lacrimalis/ Bulbus oculi/ Nasenhöhle**.
N. oculomotorius		- **III. Hirnnerv** - Zieht durch die **Fissura orbitalis superior** in die Orbita und durch den **Anulus tendineus communis** zwischen die Augenmuskeln.
	R. superior	- Versorgt den **M. rectus superior**. - Versorgt den **M. levator palpebrae superior**.
	R. inferior	- Versorgt motorisch: **M. rectus medialis**, **M. rectus inferior**, **M. obliquus inferior**. - Seine Radix oculomotoria führt parasympathische Fasern für: die **Augenbinnenmuskeln,** den **M. sphincter pupillae** und den **M. ciliaris**.
N. trochlearis		- **IV. Hirnnerv** - Zieht durch die **Fissura orbitalis superior** in die Orbita und von dort über den Anulus tendineus communis. - Innerviert den **M. obliquus superior**. - Hat nur einen sehr kurzen Verlauf in der Orbita.
N. abducens		- **VI. Hirnnerv** - Zieht durch die **Fissura orbitalis superior** und den Anulus tendineus communis. - Innerviert den **M. rectus lateralis**. - Hat nur einen sehr kurzen Verlauf in der Orbita.

Tabelle 119: Nerven der Orbita

25.1.7 Gl. lacrimalis

- Die **Tränendrüse** liegt über dem lateralen Augenwinkel in der Fossa glandulae lacrimalis des Os frontale.
- Die Aponeurose des M. levator palpebrae superior zieht durch das Drüsenparenchym hindurch und teilt es in eine **Pars palpebralis** und eine **Pars orbitalis**.
- Die Gefäßversorgung erfolgt über die **A. lacrimalis**.
- Innervation:
    - Sekretorisch-parasympathisch: **N. intermedius** (über den N. petrosus major).
    - Sympathisch: **Halssympathikus**.

25.1.8 Mittelohr

- Das **Auris media** ist ein System aus lufthaltigen, mit Schleimhaut ausgekleideten Räumen:
    - **Paukenhöhle (Cavum tympani)** mit den Gehörknöchelchen (Ossicula auditus)
    - pneumatischen Nebenräumen: **Antrum mastoideum, Cellulae mastoideae**
- Es steht über die Ohrtrompete (**Tuba auditiva**) mit dem **Pharynx** in Verbindung, was einen **Druckausgleich** ermöglicht.
- Das **Trommelfell** ist die Grenze zum äußeren Gehörgang.
- Funktion:
    - **Transformation von akustischen Schwingungen in Flüssigkeitsschwingungen über die Gehörknöchelchen**.
    - **Schutz des Innenohres**: Der **M. stapedius** (kleinster quergestreifter Muskel des Körpers) und der **M. tensor tympani** können Steigbügel und Hammer bewegen und damit plötzliche Änderungen der Schallintensität dämpfen bzw. für die optimale Stellung der Gehörknöchelchen (→ Schalleitung) zueinander sorgen.

25.1.9 Otitis media

- Eine **Mittelohrentzündung** entsteht häufig durch **Infektionen im Nasenrachenraum**, die über die Tuba auditiva zum Mittelohr vordringen (**bevorzugt bei Kindern**, da diese kürzere und weitlumigere Tuben besitzen als Erwachsene).
- Sie kann aber auch nach einer **Trommelfellruptur** oder als Komplikation bei Infektionskrankheiten (Scharlach, Masern, Grippe, etc.) auftreten.
- Bei einer Mittelohrentzündung besteht die Gefahr der Weiterleitung der Entzündung in die Schädelhöhle, was zur **Meningitis** führen kann. Die wichtigsten Übertragungswege einer Mittelohrentzündung in die Schädelhöhle sind:
    - **Über die obere Wand des Mittelohrs**: Das Tegmen tympani kann sehr dünn sein oder stellenweise fehlen (in letzterem Fall berühren sich dann Mittelohrschleimhaut und Dura mater). Weiterhin begünstigen Anastomosen zwischen Venengeflechten der Mittelohrschleimhaut und den Duragefäßen das Übergreifen von Infektionen auf diesem Weg.
    - **Über die untere Wand des Mittelohrs**: Am Boden des Mittelohrs kann sich Eiter ansammeln, der nicht abfließen kann. Kleine anastomosierende Venen können in diesem Fall die Infektion in den Bulbus superior der V. jugularis interna übertragen.
    - **Über die Cellulae mastoideae**: Sie ermöglichen ein Übergreifen der Infektion auf den benachbarten Sinus sigmoideus und das Kleinhirn. Sie stellen den häufigsten Übertragungsweg dar.

25.2 Arm

25.2.1 Übersicht über die Thenargruppe der Handmuskeln

Diese Muskeln wirken auf den Daumen.

		Ursprung	Ansatz	Funktion	Nerv	Gefäße
M. abductor pollicis brevis		- Retinaculum flexorum - **Tuberculum ossis scaphoidei**	- **Daumen-grund-phalanx** - Laterales Sesambein	- **Abduktion des Daumen** - Innenkreisel-bewegung während der Opposition	**N. medianus**	**Arcus palmaris profundus**
M. flexor pollicis brevis	**Caput super-ficiale**	- Retinaculum flexorum				
	Caput pro-fundum	- **Os trapezium** - **Os trapezoideum** - **Os capitatum**		- **Flexion** im Grundgelenk - Adduktion - Opposition	**R. profundus des N. ulnaris**	
M. opponens pollicis		- Retinaculum flexorum - **Tuberculum ossis trapezii**	- Vorder-fläche und radiale Kante des **Os meta-carpale I**	- **Flexion** - **Opposition** - **Einwärts-kreisel-bewegung** im Sattelgelenk	**N. medianus**	
M. adductor pollicis	**Caput obliquum**	- Basis des **Os metacarpale II** - **Os capitatum** - **Os hamatum**	- **Daumen-grund-phalanx** - Mediales Sesambein	- **Adduktion** - **Opposition** - **Flexion** im Daumen-grundgelenk	**R. profundus des N. ulnaris**	
	Caput trans-versum	- Palmar am **Os metacarpale III**		- **Adduktion** - **Opposition**		

Tabelle 120: Thenargruppe der Handmuskeln

25.2.2 Übersicht über die Hypothenargruppe der Handmuskeln

Diese Muskeln wirken auf den Kleinfinger.

	Ursprung	Ansatz	Funktion	Nerv	Gefäße
M. abductor digiti minimi	- Retinaculum flexorum - **Os pisiforme**	Ulnarer Rand der **Basis der Grund-phalanx V**	- **Abduktion** im Grundgelenk V	**R. profundus** des **N. ulnaris**	**Arcus palmaris profundus**
M. flexor digiti minimi brevis	- Retinaculum flexorum - **Hamulus ossis hamati**	**Basis der Grund-phalanx V**	- **Flexion** im Grundgelenk V		
M. opponens digiti minimi		Ulnarer Rand des **Os metacarpale V**	- Zieht den Mittelhandknochen V nach vorne palmar		
M. palmaris brevis	- **Palmar-aponeurose**	**Haut** über dem Kleingfinger-ballen	- Schutz der ulnaren Leitungsbahnen - Spannt die Haut	**R. super-ficialis** des **N. ulnaris**	

Tabelle 121: Hypothenargruppe der Handmuskeln

25.2.3 Oberflächlicher Hohlhandbogen

- Der **Arcus palmaris superficialis** wird hauptsächlich gespeist von der **A. ulnaris**.
- Er liegt zwischen der Palmaraponeurose und den langen Flexorensehnen auf den Nn. digitales palmares communes.
- Gelegentlich existiert eine Anastomose mit dem R. palmaris superficialis aus der A. radialis.
- Seine Äste sind:
  - **A. digitalis propria:** Sie versorgt die **ulnar-palmare Kante des Fingers V**.
  - **Aa. digitales palmares communes:** Diese 3 Arterien spalten sich an den Basen der Grundphalanx in je zwei **Aa. digitales palmares propriae.** Diese verlaufen an den aneinanderzugekehrten Seiten der Finger zu deren Spitze und anastomosieren dort.

25.2.4 Tiefer Hohlhandbogen

- Der **Arcus palmaris profundus** wird hauptsächlich gespeist von der **A. radialis**.
- Er enthält zusätzliche Zuflüsse aus dem **R. palmaris profundus** der **A. ulnaris**.
- Er liegt, wie auch der R. profundus des N. ulnaris, unter den langen Flexorensehnen auf den Basen der Ossa metacarpalia.
- Seine Äste sind:
  - **Aa. metacarpales palmares:** Diese 3-4 Gefäße ziehen zur Muskulatur zwischen den Mittelhandknochen.
  - **Rr. perforantes:** Sie verbinden die Aa. metacarpales palmares mit den Aa. metacarpales dorsales.

25.2.5 Karpaltunnel

- Der **Canalis carpi** (= Karpaltunnel) liegt unter dem **Retinaculum flexorum** und wird von den Handwurzelknochen und den **Eminentiae carpi ulnares medialis et lateralis** begrenzt.
- In ihm verlaufen:
  - **N. medianus**
  - **Sehnen der Mm. flexores digitorum superficiales et profundi**
  - **Sehne des M. flexor pollicis longus**
  - **Sehne des M. flexor carpi radialis**

Das **Karpaltunnelsyndrom** (= Medianuskompressionssyndrom) ist ein häufiges Krankheitsbild. Es handelt sich um eine, durch mechanische Kompression des N. medianus im Karpaltunnel verursachte, Atrophie der Daumenballenmuskulatur. Typisch sind auch Sensibilitätsstörungen im Bereich der ersten drei Finger. Therapie der Wahl ist die Dekompression des N. medianus durch die operative Spaltung des Retinaculum flexorum.

26 Embryologische Kenntnisse für das 4. Testat

Übersicht der Inhalte des 4. Testates

- Branchialbögen, Schlundtaschen und deren Derivate
- Entwicklung der Mund- und Nasenhöhle
- Entwicklung der Extremitäten

26.1 Branchialbögen, Schlundtaschen und deren Derivate

26.1.1 Übersicht

I.	Branchialfurchen = Schlundfurchen = Pharyngealfurchen	AUSSEN
II.	Branchialbögen = Schlundbögen = Pharyngealbögen	↓
III.	Schlundtaschen = Pharyngealtaschen	INNEN

→ bestimmen die Entwicklung von Kopf und Hals

26.1.2 Entstehung

Blöcke mesenchymalen Gewebes (*Branchialbögen*) werden durch tiefe Furchen (*Branchialfurchen*) von der Außenseite her getrennt. Von der Innenseite entstehen im kranialen Abschnitt des Vorderdarms einige Aussackungen (*Schlundtaschen*). Es wird dabei keine Verbindung zwischen den außen gelegenen Branchialbögen und den innen gelegenen Schlundtaschen hergestellt.

Übrigens: bei Amphibien und Fischen entstehen daraus die Kiemen

<u>I. Branchialfurchen</u>

Entwicklung von 4 Branchialfurchen, wobei durch starke Proliferation im 2. Schlundbogen die kaudal gelegenen Furchen überwachsen werden. Dabei wird temporär eine Höhle gebildet: Sinus cervicalis

Branchialfurchen	**Derivate**
1. Branchialfurche	Meatus acusticus externus, beteiligt an der Bildung des Trommelfells
2. Branchialfurche	Rückbildung, temporär: Sinus cervicalis
3. Branchialfurche	
4. Branchialfurche	

Tabelle 122: Branchialfurchen

<u>II. Branchialbögen</u>

Der Kern besteht aus mesenchymalem Gewebe (aus paraxialem Mesoderm und Seitenplattenmesoderm), umgeben von Oberflächenektoderm (außen) und entodermalem Epithel (innen).
Zudem: Einwanderung von Neuralleistenzellen
Jeder Branchialbogen besitzt eine(n) charakteristische (n)

- Schlundbogenmuskulatur
- Schlundbogennerv
- Schlundbogenarterie

Schlundbogen	Nerv	Muskel	Skelettelement
1. Mandibular-bogen	N. trigeminus (HN V)	Kaumuskulatur, M. mylohyoideus, M. digastricus, venter anterior Mm. tensor veli palatini, M. tensor tympani	Quadratum, Incus, Meckel-Knorpel, Malleus Lig. ant. malleoli, Lig. sphenomandibulare, Teil der Mandibula
2. Hyoidbogen	N. facialis (HN VII)	Gesichtsmuskulatur, Platysma	Stapes, Proc. styloideus, kleines Horn und oberer Teil des Zungenbeins Lig. stylohyoideum
3.	N. glossopharyngeus (HN IX)	M. stylopharyngeus	großes Horn, unterer Teil des Zungenbeins
4. – 6.	N. vagus (HN X) N. laryngeus superior N. laryngeus inf.	M. cricothyroideus, M. levator veli palatini, M. constrictor pharyngis, innere Kehlkopfmuskeln	Kehlkopfskelett

Tabelle 123: Schlundbogenderivate

III. Schlundtaschen - epitheliale entodermalen Auskleidung

Schlundtasche	Derivate
1. Schlundtasche	Tuba auditiva, Paukenhöhle, Trommelfell
2. Schlundtasche	Tonsillae palatinae, Fossa tonsillaris
3. Schlundtasche	Glandulae parathyreoideae inferiores (!), Thymus
4. Schlundtasche	Glandulae parathyreoideae superiores (!)
5. Ultimobranchialer Körper	parafollikulären Zellen (C-Zellen) der Schilddrüse

Tabelle 124: Schlundtaschenderivate

26.1.3 Pathologie der Schlundbogenentwicklung

- Branchiogene Zysten, ggf. mit lateraler Halszyste: ungenügende Überdeckung und Verschmelzung der 2.- 4. Schlundfurche
- Störung der Neuralleistenzellwanderung z.B. bei Dysostosis mandibulofacialis (Fehlbildung des Ohres, Hypoplasie von Jochbein und Unterkiefer, Unterliddefekte), Robin-Sequenz (Trias: Mikrognathie, Gaumenspalte, Glossoptosis), DiGeorge Syndrom

26.2 Entwicklung der Mund- und Nasenhöhle

Ursprung
Das Mesenchym entstammt: dem paraxialen Mesoderm, dem Seitenplattenmesoderm (→ z.B. Aryknorpel und Ringknorpel), der Neuralleiste (→ z.B. Skelettelemente des mittleren Gesichts, Knorpel, Dentin, Sehnen, Dermis) und den ektodermalen Plakoden

Plakoden: verdickte Bereiche im Ektoderm

26.2.1 Gesichtsanlagen

- **Stomodeum:** beiderseits vom ersten Schlundbogen umrahmte Mundanlage
- Stirnfortsatz: kranial des Stomodeums, mit ektodermalen Riechplakoden
- Oberkieferwülste: lateral des Stomodeums (dorsaler Anteil des 1. Schlundbogens)
- Unterkieferwülste: kaudal des Stomodeums (1. Schlundbogen)
- mediale und laterale Nasenwülste
  - Mesenchym entstammt der Neuralleiste
  - Ektoderm z. B. des Stirnfortsatzes entstammt den Neuralfalten des Vorderhirns

Entwicklung der Gesichtsanlagen

Nase: Einsenkung der Riechplakode zur Riechgrube, umgeben vom lateralen und medialen Nasenwulst. Durch Fusion der medialen Wülste entstehen: Nasenrücken und Nasenspitze. Der Stirnfortsatz bildet die Nasenbrücke und das Nasenseptum. Die lateralen Nasenwülste bilden die Nasenflügel.
Oberlippe: aus den zwei medialen Nasenwülsten und beiden Oberkieferwülsten
Unterlippe: aus beiden Unterkieferwülsten
Zwischenkiefersegment (aus tiefen Anteilen der medialen Nasenwülste): Philtrum, Oberkieferanteil, primärer Gaumen
sekundärer Gaumen: aus Fortsätzen der Oberkieferwülste, die Gaumenplatten ausbilden
Nasennebenhöhlen: Aussackungen der lateralen Nasenwand – bedeutend für späteres Aussehen des Gesichtes

→ primärer Gaumen und die beiden Gaumenplatten wachsen zusammen, Vereinigung mit dem Nasenseptum (Mechanismus: rasche Lageänderung durch lokale Wassereinlagerung)
→ durch Auflösung der Membrana bucconasalis: Verbindung zwischen Nasen- und Mundhöhle

26.2.2 Zunge

aus 1. Schlundbogen (Versorgung der vorderen 2/3 der Zunge sensibel durch N. lingualis):

- laterale Zungenwülste
- Tuberculum impar

aus 2. u. 3. (4.) Schlundbogen (hinteres 1/3 sensibel durch N. glossopharyngeus):

- Copula = Hypobranchialhöcker

aus 4. Schlundbogen (hinterster Abschnitt + Epiglottis durch N. laryngeus sup.):

- Anlage der Epiglottis

(sensorisch: vordere 2/3 der Zunge durch Chorda tympani des HN VII., hinteres Drittel durch HN IX., dorsaler Zungengrund und Kehlkopf durch HN X.)

26.2.3 Pathologie der Gesichtsentwicklung

- Lippen-, Kiefer- und Gaumenspalten: Folge inkompletter Verschmelzung der Wülste und Gaumenplatten

27 4. Testat

27.1 Beispiele für mögliche Fragen

- Welche Muskeln wirken beim Kauen mit? Wie sind diese innerviert?
- Welcher Nerv versorgt den M. buccinator?
- Welche Abgänge besitzt die A. carotis externa? Wo liegen diese?
- Wie ist die Wangenhaut sensibel innerviert?
- Wie ist das Kiefergelenk aufgebaut?
- Was ist eine Trigeminusneuralgie? Wozu dienen die Trigeminusdruckpunkte?
- In welche Regionen gliedert sich der Hals? Wie sind die Faszienverhältnisse am Hals?
- Welche Strukturen verlaufen innerhalb der Vagina carotica?
- Welche Gefäße versorgen die Schilddrüse? Welche Variationen gibt es?
- Was ist eine Struma?
- Aus welchen Segmenten stammt der N. phrenicus? Welche letale Komplikation ist bei einer beidseitigen Phrenicus-Lähmung zu erwarten?
- Was ist die Ansa cervicalis superficialis, was die Ansa cervicalis profunda?
- Wo liegen die Nebenschilddrüsen?
- Was ist ein Branchialbogen? Welche Muskeln, Nerven, Gefäße entstehen aus den einzelnen Branchialbögen? Welche Keimblätter sind beteiligt?
- Wo mündet die Parotis?
- Welche Bestandteile hat das Mittelohr? Welche Strukturen sind im Cavum tympani wandbildend?
- Wie sind die Mundhöhle, der Pharynx und der Larynx sensibel innerviert?
- Was ist die Chorda tympani, welche Fasern führt sie?
- Wie sieht die Riechbahn aus, wie die Sehbahn?
- Wie ist der Pupillenreflex verschaltet?
- Welche Strukturen finden sich in der Orbita? Wie und durch welche Strukturen gelangen Nerven und Gefäße in die Orbita?
- In welche Anteile gliedert sich das Trommelfell?
- Welche Nerven innervieren die Zunge sensorisch, welche motorisch?
- Was passiert bei der Phonation?
- Wie ist des Kehlkopfskelett aufgebaut? Wie heißen die beteiligten Knorpel? Wozu dienen die Stellknorpel?
- Welche Besonderheit zeigt der M. cricothyroideus in Bezug auf die Innervation?
- Wo liegt die Plica vocalis, wo der Recessus piriformis?
- Wie verläuft der N. recurrens, welche Strukturen innerviert er?
- Welche Faszikel bilden den Plexus brachialis, welche Segmente sind beteiligt und welche Nerven ziehen dann zu welchen Muskeln?
- Was passiert bei einem Ausfall des N. medianus?
- Was ist der Karpaltunnel? Was die Tabatière?
- Welche Äste hat die A. subclavia?
- Wie sind die Druckverhältnisse in den großen herznahen Venen?
- Welche Muskeln sind für die Elevation des Armes verantwortlich? Wie verändert dabei die Skapula ihre Lage?
- Welche Muskeln beugen im Ellenbogengelenk? Wo setzen sie an und wie sind sie innerviert?
- Welche Nerven bzw. Segmente versorgen welche Zonen an der Hand sensibel?
- Welche Zuflüsse haben der Arcus palmaris profundus und superficialis?
- Welche Muskeln vermitteln die Opposition des Daumens?
- Was ist eine Krallenhand? Was ist ein Tennisarm?
- Welcher Nerv kann besonders häufig bei Oberarmschaftfrakturen geschädigt sein?
- Welche Muskelgruppen werden am Unteram wie innerviert?
- Was unterscheidet die Venensysteme von Arm und Bein?
- Welche Strukturen fixieren das Radiusköpfchen?
- Welche Muskeln bewirken die Pronation? Welche die Supination? Wie stehen dabei jeweils die Knochen zueinander?

Das Wichtigste: Strukturen müssen am Präparat **gezeigt** werden können!

28 1. Neurokurs-Tag

28.1.1 Zisternen des Subarachnoidalraumes

- Sie sind lokale Erweiterungen des Subarachnoidalraumes.

Cisterna cerebellomedullaris	- Sie liegt im Raum zwischen Kleinhirnunterfläche, dem Dach des IV. Ventrikels und der Medulla oblongata. - Sie ist durch eine Falx cerebelli in der Medianebene eingeengt.
Cisterna basalis	- Sie liegt zwischen Hirnbasis und Schädelbasis zwischen Foramen magnum und Crista galli.
Cisterna basalis › **Hintere Basalzisterne**	- Sie liegt zwischen Foramen magnum und Dorsum sellae.
Hintere Basalzisterne › **Cisterna pontocerebellaris**	- Hier mündet beidseitig der Recessus lateralis des IV. Ventrikels.
Hintere Basalzisterne › **Cisterna interpeduncularis**	- Hier liegen der **III. Hirnnerv** und die **Aufteilungsstelle der A. basilaris.**

Hintere Basalzisterne › **Cisterna ambiens**	- Sie kommuniziert mit der Cisterna interpeduncularis und umfaßt die Seitenfläche des Pedunculus cerebri.
	- Sie bildet an der Incisura tentorii ein Liquorpolster für den Rand des Tentorium cerebelli.
	- Sie enthält:
	  - **A. cerebri posterior**
	  - **A. superior cerebelli**
	  - **V. basalis**
	  - **N. trochlearis** (IV. Hirnnerv)

Cisterna basalis › **Vordere Basalzisterne**	- Sie liegt zwischen Dorsum sellae und dem Vorderrand der vorderen Schädelgrube. - Sie geht nach posterior in die Cisterna interpendicularis über.
Vordere Basalzisterne › **Cisterna chiasmatis**	- Sie liegt um das Chiasma opticum.

Cisterna fossa lateralis cerebralis	- Die Inselzisterne liegt zwischen der Insel und dem übrigen Endhirn.
	- Hier liegen:
	  - Aa. insulares
	  - Äste der A. cerebri media.

Tabelle 125: Zisternen des Subarachnoidalraumes

29 2. Neurokurs-Tag

29.1 Hirn

29.1.1 Gliederung des Gehirns

Prosencephalon				= Vorderhirn
	Telencephalon			= Endhirn
	Diencephalon			= Zwischenhirn
Truncus encephalis				= Hirnstamm
	Mesencephalon			= Mittelhirn
	Rhombencephalon			= Rautenhirn
		Metencephalon		= Nachhirn
			Pons	= Brücke
			Cerebellum	= Kleinhirn
		Myelencephalon	**Medulla oblongata**	= verlängertes Mark

Tabelle 126: Gliederung des Gehirns

- Als **Stammhirn** werden die subkortikale Endhirnkerne, das Dienzephalon, das Mesenzephalon und das Rhombenzephalon (jedoch ohne das Zerebellum) zusammengefaßt.

29.1.2 Circulus arteriosus cerebri

- Der Blutzufluß erfolgt durch die **Aa. carotis internae** und die **Aa. vertebrales**, die sich zur unpaaren A. basilaris vereinigen.
- In der Folge spaltet sich die A. basilaris in ihre Endäste, die paarigen **Aa. cerebri posteriores**, die durch eine **A. communicans posterior** mit der A. carotis interna anastomosieren.
- Eine unpaare **A. communicans anterior** verbindet nun noch die beiden Aa. carotis internae. So entsteht der Circulus arteriosus cerebri (= **Circulus arteriosus Willisii**).

29.1.3 Lappen des Großhirns

Lappen		Topographie
Lobus frontalis	Stirnlappen	- Der Sulcus centralis trennt ihn vom Lobus parietalis. - Der Sulcus lateralis trennt ihn und den unteren Teil des Lobus parietalis vom Lobus temporalis.
Lobus parietalis	Scheitellappen	- Der Sulcus centralis trennt ihn vom Lobus frontalis. - Der Sulcus lateralis trennt seinen unteren Teil und den Lobus frontalis vom Lobus temporalis. - Der Sulcus parietooccipitalis trennt seinen oberen Teil vom Lobus occipitalis.
Lobus occipitalis	Hinterhaupts-lappen	- Der Sulcus parietooccipitalis trennt ihn vom oberen Teil des Lobus parietalis.
Lobus temporalis	Schläfenlappen	- Der Sulcus lateralis trennt ihn vom Lobus frontalis und vom unteren Teil des Lobus parietalis.
Lobus insularis = Insula	Insel	- Sie liegt in der Tiefe des Sulcus lateralis. - Sie wird von zwei Lippen überdeckt**:** **Operculum frontoparietale** und **Operculum temporale**.

Lobus limbicus	limbischer Lappen	- Er liegt medial und bildet einen äußeren Ring um den Balken.
		- Er besteht aus:
		  - **Gyrus paraterminalis**: Dieser wird vom Gyrus parahippocampalis durch den Sulcus collateralis getrennt.
		  - **Gyrus cinguli**: Dieser wird abgegrenzt vom Sulcus cinguli.
		  - **Gyrus parahippocampalis**: Seine mediale Begrenzung bildet der Sulcus hippocampi.

Tabelle 127: Lobi des Telencephalons

30 3. - 5. Neurokurs-Tag

30.1 Hirn

30.1.1 Ventrikelsystem

- Ausgekleidet wird das Ventrikelsystem von einschichtigem **Ependym**, das regional unterschiedlich aufgebaut ist.
- Das Lumen des Ventrikelsystems (= **innerer Liquorraum**) ist mit **Liquor cerebrospinalis** gefüllt, der vom **Plexus choroideus** produziert wird.
- Im Bereich des Rückenmarks setzt sich das Ventrikelsystem als Canalis centralis fort und ist dort z.T. obliteriert.

- Das Ventrikelsystem entsteht aus dem **Zentralkanal des Neuralrohrs**.

- Eine pathologische Erweiterung der Liquorräume (z.B. aufgrund einer Liquorabflußstörung) bezeichnet man als Hydrozephalus.

30.1.2 Seitenventrikel

- Die **Ventriculi laterales** sind paarig und stehen jeweils durch ein **Foramen interventriculare** mit dem **III. Ventrikel** in Verbindung.

Abschnitt	Zugehöriger Endhirnlappen	Beschreibung
Cornu frontale = Cornu anterius	Stirnlappen	- Es reicht bis zum **Foramen interventriculare.** - Die mediale Begrenzung bildet das Septum pellucidum. - Die laterale Begrenzung bildet das Caput nuclei caudati. - Das Dach bildet die Balkenstrahlung.
Pars centralis	Scheitellappen	- Sie ist durch die Vorwölbung des Thalamus verengt (= **Thalamustaille**). - Den Boden bilden die Lamina affixa (medial) und das Corpus nuclei caudati (lateral). - Der **Plexus choroideus ventriculi lateralis** ist zwischen **Fornix** und **Lamina affixa** aufgehängt. Er wölbt sich dabei von der medialen Seite durch das Foramen interventriculare hervor. - Im Bereich des **Splenium corporis callosi** gabelt sich die Pars centralis ins Cornu occipitale und Cornu temporale auf.
Cornu occipitale = Cornu posterius	Hinterhaupts-lappen	- Sein Dach bildet der **Forceps occipitalis**. - In seiner medialen Wand verursacht der Sulcus calcarinus eine Vorwölbung (**Calcar avis**).
Cornu temporale = Cornu inferius	Schläfenlappen	- Sein Dach bildet die Cauda nuclei caudati. - An seiner Spitze liegt das Corpus amygdaloideum. - Der **Plexus choroideus** liegt auf der medialen Seite und reicht bis zur **Fimbria hippocampi**. - Ein **Teil der Sehbahn** verläuft an der Außenseite okzipitalwärts.

Tabelle 128: Abschnitte der Ventriculi laterales

30.1.3 III. Ventrikel

- Der **Ventriculus tertius** liegt unpaar in der Medianebene.
- Der **Plexus choroideus ventriculi tertii** überdacht den III. Ventrikel und liegt selbst oberhalb des Foramens interventriculare. Die **Tela choroidea ventriculi tertii** spannt sich zwischen den **Striae medullares thalamicae** aus und ist mit der **Taenia thalami** an der Thalamusoberfläche befestigt.

Seitenwände	- Die lateralen Wände des III. Ventrikels bilden **Epithalamus, Thalamus** und **Hypothalamus**. - In der Regel zeigt sich zwischen den beiden Thalami eine **Adhaesio interthalamica**. - Ein Sulcus hypothalamicus verläuft in der Ventrikelwand zwischen Foramen interventriculare und dem Beginn des Aquaeductus mesencephali.
Anteriore Begrenzung	- Sie wird von der **Lamina terminalis** gebildet. - Auf Höhe des Sulcus hypothalamicus verursacht die **Commissura anterior** eine Vorwölbung.
Recessus opticus	- Diese Ausbuchtung liegt nahe des Hypothalamus oberhalb des **Chiasma opticum**.
Recessus infundibuli	- Diese Ausbuchtung liegt im Bereich des Hypothalamus am Beginn des **Hypophysenstiels**.
Recessus suprapinealis	- Diese Ausbuchtung liegt im Bereich des Epithalamus oberhalb des **Corpus pineale**.
Recessus pinealis	- Diese Ausbuchtung liegt im Bereich des Epithalamus am Abgang der **Epiphyse**. - Oberhalb des Recessus pinealis wölbt sich die Commissura habenularum hervor. - Unterhalb des Recessus pinealis wölbt sich die Commissura epithalamica hervor. In diesem Bereich geht der III. Ventrikel in den **Aquaeductus mesencephali** über, der den III. mit dem IV. Ventrikel verbindet.

Tabelle 129: III. Ventrikel

30.1.4 IV. Ventrikel

- Der Ventriculus quartus setzt sich in den **Canalis centralis** des Rückenmarks fort.
- Seinen Boden bildet die **Rautengrube**.
- Sein Dach (= **Tegmen ventriculi quarti**) wird gebildet von:
  - **Velum medullare superius**
  - **Velum medullare inferius**: Hieran schließt sich die **Tela choroidea** an. Die Tela choroidea ist eine Platte aus der Pia mater. Sie schließt den IV. Ventrikel nach posterior ab und trägt den **Plexus choroideus ventriculi quarti**.
  - **Kleinhirnstiele** und **Kleinhirn**.

30.1.5 Kommissurenbahnen der Substantia alba des Neokortex

- Sie verknüpfen Kortexareale mit der **kontralateralen Hemisphäre**.
- Sie verbinden dabei **identische Rindenareale** der beiden Hemisphären untereinander. Sie verbinden aber **nicht** die primären Sehrinden, die primären auditiven Felder und die somatosensorischen Hand- und Fußregionen.

Corpus callosum (= Balken)	- Er gliedert sich (von anterior nach posterior) in: **Genu, Rostrum, Truncus** und **Splenium corporis callosi**. - Die Fasern in Genu, Rostrum und Splenium corporis callosi verlaufen dabei bogenförmig und bilden die **Forceps frontalis** und die **Forceps occipitalis**.  - Zwischen Balken und Fornix liegt das **Septum pellucidum** (= Gliaplatte) als Rest der embryonalen Kommissurenplatte.
Commissura anterior	- Sie verbindet die gegenüberliegenden Temporallappen und kleine Teile des Frontallappens.
Commissura fornicis	- Sie liegt zwischen den beiden Fornixschenkeln. - Sie verbindet Teile des Archaeokortex (= Hippocampus) mit denen der Gegenseite.

Tabelle 130: Kommissurenbahnen der Substantia alba des Neokortex

30.1.6 Tractus corticospinalis

- Der Tractus corticospinalis (= **Pyramidenbahn**) ist eine Verbindung zwischen Kortex und Rückenmark. In ihm sind die Fasern somatotop angeordnet.
- Die Fasern des Tractus corticospinalis stammen zu 80% aus dem **primären motorischen Kortex** und zu 20% vom parietalen (= somatosensorischen) Kortex.

- Bei einer Läsion der Pyramidenbahn treten bestimmte Zeichen, die sogenannten Pyramidenbahnzeichen, auf. Das wichtigste ist das **Babinski-Zeichen**: Beim Bestreichen des lateralen Fußrandes kommt es zu einer Dorsalextension der Großzehe und zur Plantarflexion und Spreizung der übrigen Zehen.

- Verlauf der Pyramidenbahn:
  - Am Anfangsteil verläuft er gemeinsam mit den Fasern des Tractus corticonuclearis: der Tractus corticonuclearis und der Tractus corticospinalis bilden dabei einen Teil der fächerförmigen **Corona radiata**.
  - Die Corona radiata wird im Bereich der **Capsula interna** eingeengt, wobei dort die Fasern des Tractus corticospinalis (= **Fibrae corticospinales**) im hinteren Schenkel liegen. Die Fasern der kaudalen Rückenmarksabschnitte liegen dabei weiter okzipitalwärts.
  - Im **Crus cerebri** nimmt der Tractus corticospinalis eine mittlere Position ein.
  - Kaudal der **Pons** ist der Tractus corticospinalis dann klar abgrenzbar, da die meisten anderen Fasern, die ihn begleitet haben, überwiegend ausgeschert haben.
  - Im kaudalen Teil der **Pyramis** der Medulla oblongata bildet der Tractus corticospinalis die **Decussatio pyramidum**, in der die meisten Fasern die Seite kreuzen:
    - Die Fasern, die hier kreuzen (70-90%), verlaufen weiter im Fasciculus lateralis des Rückenmarks.
    - Die ipsilateral weiterziehenden Fasern liegen hingegen im Fasciculus anterior des Rückenmarks und kreuzen erst auf der Höhe des zu innervierenden Segments.
  - Im Rückenmark erreichen die Fasern nur selten direkt die Motoneurone (z.B. in der **Intumescentia cervicalis** zur Steuerung von Hand und Finger), sondern enden meist in der **Zona intermedia** an **Interneuronen**, die dann ihrerseits die **Vorderhorn-Motoneurone** erregen.

  - Einen **Sonderfall** bilden die Fasern des Tractus corticospinalis, die aus dem somatosensorischen Kortex (= parietaler Kortex) stammen. Sie enden über Interneurone an somatosensorischen Relaisneuronen im Hinterhorn.

30.1.7 Fornix

- Der Fornix ist ein **efferentes Bündel des Hippokampus**.

Fimbria hippocampi	- Dieses Faserbündel ist der Beginn der Fornix auf dem Hippokampus.
Crus fornicis	- Die Fasern bilden zunächst einen nach posterior gerichteten Bogen.
Corpus fornicis	- Er schließt sich dem Crus fornicis an und liegt dabei **unter dem Balken**. - Er ist in der **Commissura fornicis** mit dem Fornix der kontralateralen Seite verbunden.
Aufteilung an der Commissura anterior	- Der Fornix zieht bis zur Commissura anterior und teilt sich dort in **Columna anterior fornicis** und **Columna posterior fornicis**

Tabelle 131: Verlauf des Fornix

30.1.8 Hippokampus

- Der Hippokampus ist ein phylogenetisch altes Gebiet (= **Archaeokortex**), das in die Tiefe des Telenzephalons verlagert wurde.

- Der Hippokampus ist funktionell mit dem **Lobus limbicus** verbunden.
- Der Hippokampus liegt nahe des Balkens. Er ist ein Teil des **Cortex cerebri** und liegt C-förmig auf den medialen Hemisphärenseiten, der Bogen ist dabei nach okzipital gerichtet.
- Sein größter Abschnitt ist der **Hippocampus retrocommissuralis**, der sich medial an den **Gyrus parahippocampalis** anschließt.
- Der **Hippokampus** ist wichtig für **Lern-** und **Gedächtnisfunktionen**.

Hippocampus retrocommissuralis	- Er ist der am weitesten differenzierte Anteil und ist der **Hippokampus im engeren Sinn**.
	- Er liegt basal im Lobus temporalis und schließt sich dabei medial der Unterfläche des Gyrus parahippocampalis an. Dabei hat der Hippokampus anterior Verbindung zum Uncus hippocampi (= Verdickung am Unterende des Gyrus parahippocampalis).
	- Er liegt in der Tiefe und ist um einen längs verlaufenden Sulcus hippocampi eingerollt. Von unten her wölbt er sich so in das Cornu inferius des Seitenventrikels vor.
	- Der Pes hippocampi (= anteriorer Abschnitt) ist lappenartig vergrößert und bildet die Digitationes hippocampi.
	- Die Strukturen zwischen Hippokampus und Gyrus parahippocampalis bilden den **Periarchaeocortex** (Schichtenbau zw. Neo- und Archaeokortex):
	    - **Area praesubicularis**
	    - **Area parasubicularis**
	    - **Regio entorhinalis**
	- Der Hippokampus ist ein Integrationsgebiet und erhält **Afferenzen** aus den **sensorischen Kortexgebieten** und aus dem **limbischen System** selbst (z.B. Septum praecommisurale, Corpus amygdaloideum, Hypothalamus, Hirnstamm), die zunächst in der **Regio entorhinalis** enden und vorverarbeitet werden. Die Signale gelangen aus der Regio entorhinalis über den **Tractus perforans** zum **Hippokampus**, aber auch - v.a. aus dem Subikulum - zu **zahlreichen Kortexgebieten** (→ Motivation, Lernen).
	- Ein wichtiges **efferentes Bündel des Hippokampus** ist der **Fornix**.

Hippocampus supracommissuralis	- Fortsetzung des Hippocampus retrocommissuralis um das **Splenium** des Corpus callosum (= Balkens) herum.
	- Sein **Indusium griseum** (eine Zellschicht) liegt dem Balken auf.
	- Weiterhin zeigt er 2 längsverlaufende Faserbündel:
	    - **Stria longitudinalis medialis**
	    - **Stria longitudinalis lateralis**

Hippocampus praecommissuralis	- Er liegt rostral vor dem Genu corporis callosi und seht fast senkrecht. - Er fungiert zusammen mit dem **Hippocampus supracommissuralis** als Zwischenglied zwischen **olfaktorischem System** und dem **Hippocampus retrocommissuralis**.

Tabelle 132: Hippokampus

30.1.9 Projektionsbahnen der Substantia alba des Neokortex

- Sie verbinden den Kortex mit anderen Teilen von Gehirn oder Rückenmark, d.h. sind also kortikofugale oder kortikopetale Bahnen.

Capsula interna	- Alle Projektionsbahnen des Kortex zwängen sich an der Basis des Telencephalons in der Capsula interna zwischen **Thalamus, Nucleus caudatus** und **Putamen** hindurch (oder treten in diese Kerngebiete ein).
	- Zwischen Capsula interna und Kortex sind die Fasern dann fächerförmig angeordnet, sie bilden die **Corona radiata**. Der Corona radiata schließen sich im hinteren Bereich auch **Seh-** und **Hörstrahlung** an.
	- In der Capsula interna sind die Bahnen topographisch angeordnet:
	  - **Crus anterior**: Tractus frontopontinus, Radiationes thalamicae anterior.
	  - **Genu**: Tractus corticonuclearis, Radiationes thalamicae centrales.
	  - **Crus posterior**: Fibrae corticospinales, Fibrae corticorubrales et corticoreticulares, Radiationes thalamicae posterior.
	 - Der Verlauf der Bahnen in der Capsula interna ist von großer klinischer Bedeutung, da hier Schlaganfälle oder Einblutungen häufig vorkommen.

Capsula externa	- Ein kleiner Teil der Projektionsbahnen bildet lateral vom Putamen die Capsula externa. - Die Capsula externa vereint sich basal des Putamen mit der **Capsula interna**.
Capsula extrema	- Die Capsula extrema wird von der Substantia alba zwischen **Claustrum** und **Insula** gebildet.
Fornix	- Diese Projektionsbahn zählt zum **limbischen System**.

Tabelle 133: Projektionsbahnen der Substantia alba des Neokortex

30.1.10 Commissura epithalamica posterior

- Die Commissura epithalamica posterior liegt anterior der **Colliculi superiores**, oberhalb des Übergangs des III. Ventrikels in den Aquaeductus mesencephali.
- Sie verbindet Kerngebiete des Mittelhirns mit dem Epithalamus.

30.1.11 Adhaesio interthalamica

- Gelegentlich verbindet die **Adhaesio interthalamica**, eine schmale Brücke aus Glia, die Thalami beider Seiten.

30.1.12 Fissura transversa cerebralis

- Sie bildet die Grenze zwischen Kleinhirn und Telenzephalon.
- In dieser Furche liegt das Tentorium cerebelli.

30.1.13 Cerebellum

- Die Oberfläche des Kleinhirns besteht aus parallelverlaufenden Furchen (den **Fissurae cerebelli**), die die Folia cerebelli (= schmale Windungen) zwischen sich fassen. Beide Strukturen dienen der Oberflächenvergrößerung auf 2.000 cm^2.
- Das Kleinhirn gliedert sich makroskopisch in:
  - **Vermis** (Der Wurm liegt in der **Mitte des Kleinhirns**. Er umgreift das Cerebellum sagittal.)
  - **Kleinhirnhemisphären** (Sie liegen beiderseits des Wurmes.)

- Eine andere Art, das Kleinhirn zu unterteilen ist die Gliederung in Lappen:

Lobus anterior	- **Palaeozerebellärer Kleinhirnanteil**.
Fissura prima	- Sie zieht über Vermis und die Hemisphären hinweg und teilt das Kleinhirn in den Lobus anterior und Lobus posterior.
Lobus posterior	- **Neozerebellärer Kleinhirnanteil**
Fissura posterolateralis	- Sie teilt den Lobus posterolateralis vom Lobus posterior ab.

Lobus flocculonodularis	- Phylogenetisch ältester Kleinhirnanteil (= **Archaeocerebellum)**.
	- Es gliedert sich in:
	  - **Nodulus**: Teil des Vermis
	  - Pedunculus floccularis: Verbindungsstiel zwischen Nodulus und Flocculus
	  - **Flocculus**

Tabelle 134: Deskriptive Gliederung des Cerebellums

30.1.14 Bahnen der Kleinhirnstiele

Kleinhirnstiel	Afferente Bahn	Efferente Bahn
Pedunculus cerebellaris superior	Tractus spinocerebellaris anterior	Tractus cerebellothalamicus Tractus cerebellorubralis
Pedunculus cerebellaris medius	Tractus pontocerebellaris	***keine***
Pedunculus cerebellaris inferior	Tractus vestibulocerebellaris Tractus olivocerebellaris Tractus reticulocerebellaris Tractus spinocerebellaris posterior Fibrae arcuatae externae posteriores Fibrae arcuatae externae anteriores	Fastigobulbäre Fasern Cerebello-vestibuläre Fasern

Tabelle 135: Bahnen der Kleinhirnstiele

30.1.15 Kleinhirnkerne

- Die Kleinhirnkerne liegen im **Corpus medullare cerebelli** und erhalten neben den Fasern der Purkinje-Zellen über Kollateralen direkte Zuflüsse aus zerebellopetalen Bahnen.
- Funktionell werden die Neurone der Kleinhirnkerne durch diese Kollateralen ständig erregt. Die hemmend wirkenden Purkinje-Zellen modulieren dagegen den Tonus der Kleinhirnneurone.

Zone	Kleinhirnkerne	Herkunft der Afferenzen	Efferenzen	Funktion
Mediale Zone (Vermis)	**Nucleus fastigii**	**Senso-motorischer Bereich** (vestibulär und spinal)	- **Fastigiobulbäre Fasern**: Sie erreichen teils ipsilateral, teils kontralateral durch den Pendunculus cerebellaris inferior die Vestibulariskerne und die Formatio reticularis.	- Kontrolle und Haltung des **Muskeltonus**. - Aufrecht-erhaltung des **Körpergleich-gewichts**.
Paramediane Zone	**Nucleus emboliformis** **Nuclei globosi**	**Senso-motorischer Bereich**	- **Tractus cerebellorubralis**: Er erreicht durch den Pedunculus cerebellaris superior den kontralateralen Nucleus ruber. - **Tractus cerebellothalamicus**: Die Fasern erreichen durch den Pedunculus cerebellaris superior den kontralateralen Thalamus und werden dort zum motorischen Kortex umgeschaltet.	- Kurs-korrekturen der **Motorik**. - Stützmotorik - **Zielmotorik**
Laterale Zone (Hemisphären)	**Nucleus dentatus**	**Gesamte Groß-hirnrinde**	- **Tractus cerebellothalamicus**: Die Fasern erreichen durch den Pedunculus cerebellaris superior den kontralateralen Thalamus und werden dort zum Neokortex umgeschaltet.	- **Zielmotorik**

Tabelle 136: Efferenzen des Kleinhirns

30.1.16 Substantia nigra

- Funktionell zählt die Substantia nigra zum System der Basalganglien (**extrapyramidales System**).
- Sie steuert den **Muskeltonus** und sendet Efferenzen zum Thalamus.
- Sie liegt auf beiden Seiten unmittelbar posterior des Crus cerebri und besteht aus:
    - **Pars reticularis**: Sie ist den Crura cerebri zugewandt und bezieht Afferenzen aus dem Corpus striatum.
    - **Pars compacta**: Sie ist dem Tegmentum zugewandt und besteht aus großen **melaninhaltigen Neuronen**, die die – namensgebende – schwarze Färbung des Kerns bedingen.

In der Substantia nigra befinden sich **dopaminerge Neurone**, deren Axone zum **Corpus striatum** ziehen (= nigrostriales dopaminerges System).
Ihr Ausfall führt zum **Morbus Parkinson**.

30.1.17 Nucleus ruber

- Er liegt jeweils links und rechts im oberen Tegmentum mesencephalicum.
- Im Präparat ist der Nucleus ruber rot gefärbt, da er einen **erhöhten Eisengehalt** aufweist.
- Er ist an der **Koordination von Muskelbewegungen** beteiligt, zusammen mit den Basalganglien und dem Kleinhirn. Er dient als Relaisstation für Signale vom Zerebellum zum Thalamus, die dann den Neokortex erreichen und für deren umgekehrten Verlauf vom Kortex (Thalamus) zum Zerebellum bzw. über den Tractus rubrospinalis zum Rückenmark.

30.1.18 Colliculi superiores

- Sie liegen unmittelbar unter den hinteren Thalamuspolen.
- Sie sind **Zentren für die Augenbewegungen** und für Bewegungen des Rumpfes bei plötzlichen Lichtsignalen (= **visuelles Reflexzentrum**).
- Die Colliculi zeigen **Verbindungen zu den Augenmuskelkernen** des III. und IV. Hirnnerven.
- Die längeren absteigenden Bahnen formieren den Tractus tectobulbaris und Tractus tectospinalis: Beide Bahnen kreuzen in den Decussationes tegmentales und ziehen zu den motorischen Hirnnervenkernen, zu den α-Motoneuronen der Hals- und Kopfmuskeln und zu parasympathischen Neuronen.

30.1.19 Rautengrube

- An der Bildung des Bodens der Rautengrube ist neben dem oberen Drittel der **Medulla oblongata** auch die **Pons** beteiligt.

Sulcus medianus	- In der Mitte befindet sich der Sulcus medianus, seitlich davon die nur schwach ausgebildeten Sulci limitantes.
Striae medullares ventriculi quatri	- Sie verlaufen an der breitesten Stelle über den Boden der Rautengrube. - Sie sind markhaltige Fasern aus den Nuclei arcuati (aus dem Olivensystem), die durch den **Pedunculus cerebellaris inferior** zum Zerebellum ziehen.
Area vestibularis	- Sie liegt im Bereich der Striae medullares, lateral des Sulcus limitans. - Lateral von den **Vestibulariskernen** liegen die **Kochleariskerne**.
Trigonum n. hypoglossi	- Kaudal der Striae medullares liegt medial des Sulcus limitans das Trigonum n. hypoglossi, der **Ursprungskern des XII. Hirnnerven**.
Trigonum n. vagi	- Neben dem Trigonum n. hypoglossi liegt das Trigonum n. vagi als **Ursprungsregion des X.** (und XI.) **Hirnnerven**.
Area postrema	- Sie liegt kaudal des Trigonum n. vagi.
Locus coeruleus	- Blaugrauer Bereich am seitlichen Rand des vorderen Abschnitts der Rautengrube mit zahlreichen pigmentierten Ganglienzellen.

Tabelle 137: Rautengrube

30.1.20 Hirnnervenkerne

Hirnnerv		Kerngebiet	Name	Qualität	Innervation/ Peripherie
III	**N. oculomotorius**	Motorischer Kern	**Nucl. n. oculomotorii**	**Somatoefferent**	- M. rectus med. - M. rectus inf. - M. rectus sup. - M. obliquus inf. - M. levator palpebrae sup.
		Parasympathischer Kern	**Nucl. oculomotorius accessorius** = Nucl. Edinger-Westphal	**Viszeroefferent**	- M. sphincter pupillae - M. ciliaris
IV	**N. trochlearis**	Motorischer Kern	**Nucl. n. trochlearis**	**Somatefferent**	- M. obliquus sup.
V	**N. trigeminus**	Mechanosensibler Kern	**Nucl. pontinus n. trigeminalis**	**Somatoafferent, Viszeroafferent**	- Gesichtshaut - Auge: Bindehaut + Hornhaut - Nasen-schleimhaut - Mund-schleimhaut - Zähne
		Schmerz- und Temperatur-sensibler Kern	**Nucl. spinalis n. trigeminalis**		
		Propriozeptiver Kern	**Nucl. mesencephalicus n. trigeminalis**	**Viszeroafferent**	- Muskel-spindeln der Kaumuskulatur
		Motorischer Kern	**Nucl. motorius n. trigeminalis**	**Viszeroefferent**	- Kaumuskeln - Mundboden-muskulatur - M. tensor tympani
VI	**N. abducens**	Motorischer Kern	**Nucl. n. abducentis**	**Somatoefferent**	- M. rectus lat.
VII	**N facialis** (mit **N. intermedius**)	Sensorischer Kern	**Nucl. solitarius**	**Sensorisch**	- Geschmacks-knospen der vorderen 2/3 der Zunge
		Parasympathischer Kern	**Nucl. salivarius superior**	**Viszeroefferent**	- Gl. lacrimalis - Drüsen im Nasen-Rachen-Raum - Gl. sublingualis - Gl. sub-mandibularis
		Motorischer Kern	**Nucl. n. facialis**		- Mimische Muskulatur - Teile der oberen Zungenbein-muskeln - M. stapedius

Fortsetzung:

Hirnnerv		Kerngebiet	Name	Qualität	Innervation/ Peripherie
VIII	**N. vestibulo-cochlearis:** Vestibularisanteil	Sensorische Kerne	Nucl. vestibularis sup.	**Sensorisch**	- Sinneszellen der Macula utriculi - Sinneszellen der Macula sacculi - Sinneszellen der Cristae ampullares
			Nucl. vestibularis med.		
			Nucl. vestibularis lat.		
			Nucl. vestibularis inf.		
	N. vestibulo-cochlearis: Cochlearisanteil		Nucl. cochlearis posterior		- Corti-Organ
			Nucl. cochlearis anterior		
IX	**N. glosso-pharyngeus**	Sensibler Kern	**Nucl. spinalis n. trigemini**	**Viszeroafferent**	- Rachen-Schleimhaut - Gaumen-Schleimhaut
		Sensorischer Kern	**Nucl. solitarius**	**Sensorisch**	- Geschmacks-knospen der vorderen 1/3 der Zunge.
		Parasympathischer Kern	**Nucl. salivarius inferior**	**Viszeroefferent**	- Gl. parotidea
		Motorischer Kern	**Nucl. ambiguus**		- Pharynx-muskulatur
X	**N. vagus**	Sensibler Kern	**Nucl. spinalis n. trigemini**	**Somatoafferent**	- Äußerer Gehörgang
		Sensorischer und sensibler Kern	**Nucl. solitarius**	**Sensorisch**	- Geschmacks-knospen im Rachen - Schleimhaut der Bauch-eingeweide - Schleimhaut der Oberbauch-organe
		Parasympathischer Kern	**Nucl. dorsalis n. vagi**	**Viszeroefferent**	- Brust-eingeweide - Oberbauch-organe - Instestinaltrakt (bis zum Cannon-Böhm-Punkt)
		Motorischer Kern	**Nucl. ambiguus**		- Larynxmuskeln - Z.T. Pharynx-muskulatur
XI	**N. accessorius**	Motorischer Kern	**Nucl. n. accessorii**	**Viszeroefferent**	- M. trapezius - M. sternoclei-domastoideus
XII	**N. hypoglossus**	Motorischer Kern	**Nucl n. hypoglossi**	**Somatoefferent**	- Zungen-muskulatur

Tabelle 138: Hirnnervenkerne III-XII

31 Embryologische Kenntnisse für den Neurokurs

Übersicht der Inhalte des Neurotestates

- Entwicklung des zentralen und peripheren Nervensystems
- Ventrikelsystem
- Augenentwicklung

31.1 Entwicklung des zentralen und peripheren Nervensystems

31.1.1 Zentrales Nervensystem

Anteile des Ektoderms

Zwei ektodermale Anteile werden unterschieden:

1. das Neuroektoderm („Nervensystem")
2. das Oberflächenektoderm („Haut"...)

Aus dem Neuralrohr entsteht:

- kranial – Gehirn
- kaudal – Rückenmark

Abzugrenzen von ektodermalen Zellen sind die *Neuralleistenzellen*: → siehe Begriffserklärung auf Seite 48

Aus dem Oberflächenektoderm im Kopfbereich enstehen unter anderem *Plakoden*. Dabei handelt es sich um verdickte ektodermale Areale, die z. B. als Anlage für Teile des Ohres oder des Auges dienen.

Flexuren

Folgende Flexuren (Beugen) werden im Bereich des sich entwickelnden Nervensystems gebildet:

- Scheitelbeuge (cephalic flexure): im Bereich des Mittelhirns
- Brückenbeuge (pontine flexure): teilt das Rautenhirn, liegt zwischen Metencephalon und Myelencephalon
- Nackenbeuge (cervical flexure): zwischen Rautenhirn und Rückenmark

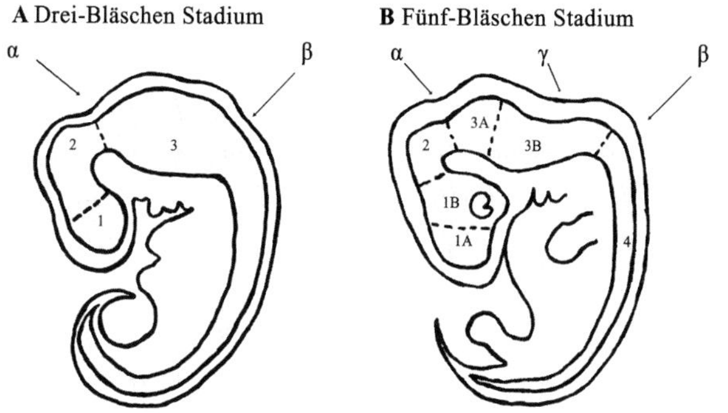

α – Scheitelbeuge,
β – Nackenbeuge,
γ – Brückenbeuge
1 – Prosencephalon,
1A – Telencephalon,
1B – Diencephalon,
2 - Mesencephalon,
3 – Rhombencephalon,
3A – Metencephalon,
3B – Myelencephalon,
4 – Medulla spinalis

Abbildung 31: Flexuren

Hirnbläschen

Aus dem Neuralrohr entwickeln sich drei primäre Hirnbläschen:

1. Vorderhirn (Prosencephalon) → Telencephalon (Endhirn) + Diencephalon (Zwischenhirn)
2. Mittelhirn (Mesencephalon)
3. Rautenhirn (Rhombencephalon) → Metencephalon (Nachhirn) + Myelencephalon (Markhirn)

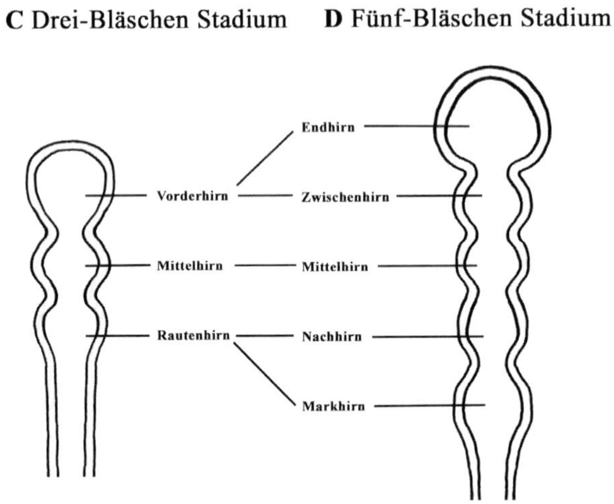

Abbildung 32: Drei- und Fünf-Bläschen-Stadium

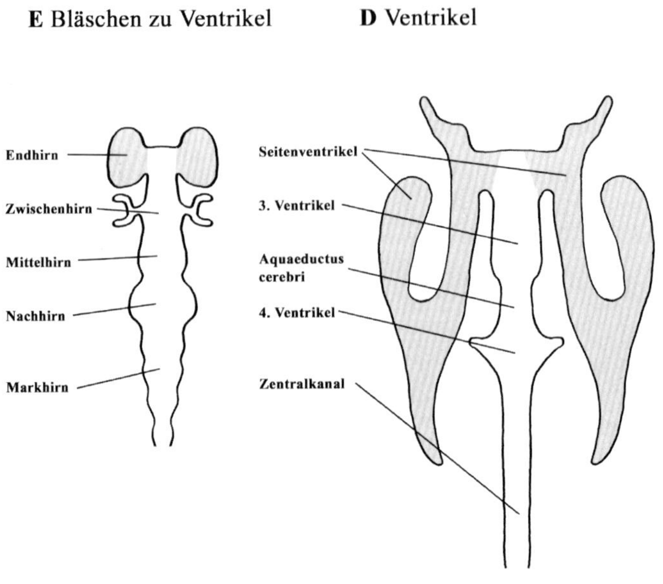

Abbildung 33: Ventrikelsystem

Ventrikelsystem

Aus dem Lumen des Neuralrohres entstehen Hohlräume: die Ventrikel und der Zentralkanal

Ventrikelsystem	**Ursprung**		**Derivate** (Beispiele)
Erster und zweiter Ventrikel (=Seitenventrikel)	Prosencephalon	Telencephalon	Cerebrum, Hippocampus
Foramen interventriculare (Monro)			
Dritter Ventrikel	Prosencephalon	Diencephalon	Thalamus, Retina
Aquaeductus cerebri	Mesencephalon		Mittelhirn
Vierter Ventrikel	Rhombencephalon	Metencephalon	Pons, Cerebellum
		Myelencephalon	Medulla oblongata
Apertura mediana (Magendie) Aperturae laterales (Lushka)			
Canalis centralis	kaudales Neuralrohr		Medulla spinalis

Tabelle 139: Ventrikelsystem

Diencephalon: Folgende Strukturen sind Derivate des Diencephalon:

- Augenbläschen (Retina, Sehnerv)
- Epithalamus, Thalamus, Hypothalamus
- Infundibulum; Neurohypophyse

Augenentwicklung

Das Auge entwickelt sich aus zwei Bestandteilen:

a) laterale Aussackungen aus dem Diencephalon: *Augenbläschen*: diese induzieren die Ausbildung der

b) *Linsenplakoden* (im Oberflächenektoderm)

Die Linsenplakoden senken sich ein, werden kugelförmig zu den: *Linsenbläschen*. Dieses dellt das *Augenbläschen* ein und so entsteht aus letzterem der *Augenbecher*.

- kaudal liegt die Augenbecherspalte, durchzogen von der A. hyaloidea
- Pathologie: Kolobom: Spaltbildung der Iris, Linse oder Aderhaut

Derivate

- Augenbecher (Diencephalon):
  - inneres Blatt – Retina
  - äußeres Blatt – Pigmentepithel
- Augenbecherstiel: N. opticus
- Linsenbläschen (Ektoderm):
  - Linse; induziert im Oberflächenektoderm die Kornea
- prächordalem Mesoderm: quergestreifte Augenmuskulatur
- Neuralleiste M. ciliaris, Irisstroma

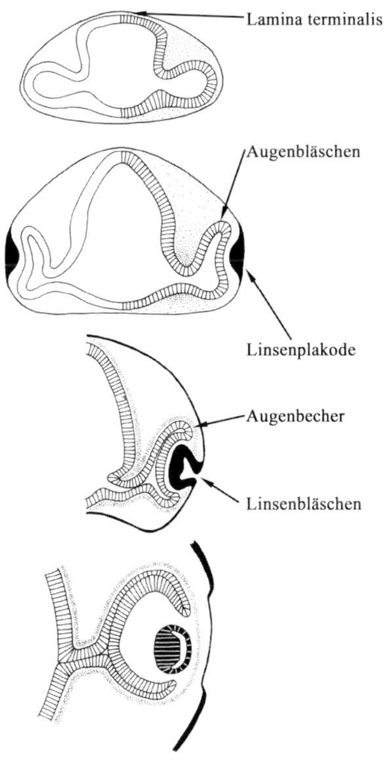

Abbildung 34: Augenentwicklung

Phylogenetische Unterteilung

- Paleokortex (ältester Anteil der Rinde)
  - Allokortex: Entwicklung von weniger als sechs Rindenschichten
  - z. B.: Bulbus olfactorius, Area entorhinalis, kortikale Anteile des Corpus amygdaloideum
- Archikortex
  - Allokortex
  - z. B. Hippocampus, Gyrus cinguli, Corpus mamillare, Corpus amygdaloideum
- Neokortex (jüngster Anteil der Rinde)
  - Isokortex: Entwicklung von sechs Rindenschichten
  - durch allgem.: Proliferation, Migration, Differenzierung, Apoptose, Myelinisierung

Fehlbildungen des ZNS

- Anenzephalie: Erkennbar an erhöhtem alpha-Fetoprotein-Spiegel in der Amnionflüssigkeit
- Meningohydroenzephalozele
- Hydrozephalus: Liquorstauung im Gehirn
- fetales Alkoholsyndrom (FAS) bei Alkoholabusus der Mutter führt zur Verminderung der Anzahl der Nervenzellen

31.1.2 Peripheres Nervensystem

Das periphere Nervensystem entwickelt sich aus dem Neuralrohr und den Neuralleistenzellen.

Verbindung der Organe mit dem ZNS
a) aus dem ZNS → Organe
b) aus peripheren Zellen, die der Neuralleiste entstammen → ZNS
c) aus peripheren Zellen, die ektodermalen Plakoden entstammen → ZNS

Wachstum
Axone der motorischen Vorderhornzellen: *zentrifugal* = efferent zur Muskulatur
Spinalganglienzellen: *zentripetal* = afferent zum ZNS

Kompartimentierung des Rückenmarks
in dorsoventraler Richtung
- Deckplatte
- Flügelplatte
- Grundplatte
- Bodenplatte

Spinalnerven
ventrolateral aus dem Neuralrohr – Vorderwurzeln – Motoneurone
(Shh)
Neuralleistenzellen → *Spinalganglien*
(peripherer Fortsatz, Rezeptororgan und zentraler Fortsatz zu Hinterstrang oder Interneuron)
pseudounipolar

Histologie des Neuralrohrs

Membrana limitans interna – Membrana limitans externa (Basalmembran)
unterschiedliche multipotente Stammzellen: Neuroblasten, Glioblasten (in Oligodendroblasten, Astroblasten, Radialglioblasten)
Mikrogliazellen – aus mesodermalen oder mesektodermalen Vorläufern
(*Neuralepithel* in drei Zonen: Ventrikulärzone / Intermediärzone / Marginalzone)

Rückenmark

Scheinbarer *Aszensus des Rückenmarks:* die Wirbelsäule wächst schneller als das Rückenmark (bis L2).

Während der Entwicklung kommt es zu einem Überschuss an Motoneuronen, die durch Apoptose der benötigten Anzahl angepaßt werden.
Im Bereich der *Intumescentiae cervicalis et lumbosacralis* ist das Rückenmark dicker aufgrund der Extremitäteninnervation:
1. Verbindung der Axone mit den Muskelblastemen 2. Entstehung von Interneuronen; 3. Verbindung zwischen Gehirn und Peripherie (Pyramidenbahn...)

Einwachsen von Gefäßen aus dem perineuralen Gefäßplexus beiderseits in die Bodenplatten.

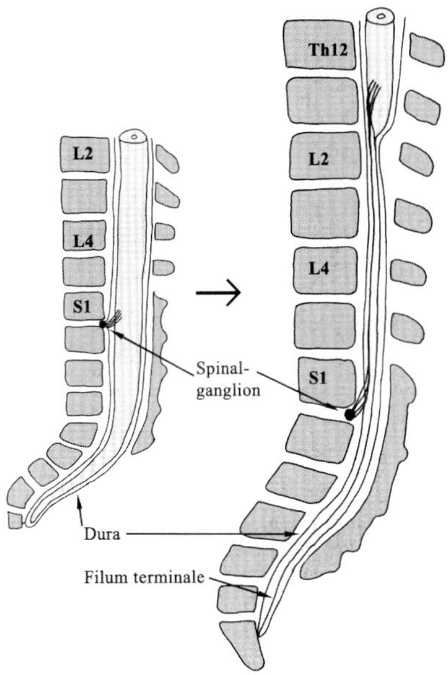

Abbildung 35: *Aszensus des Rückenmarks*

Vergleich des Verlaufs der Nerven zu S1. links: 4. Monat, rechts: bei Geburt

Rückenmarkshäute

aus einer gefäßreichen mesenchymalen Hüllschicht: Meninx primitiva (Somitenderivat)

- *Ektomeninx:* Dura mater
- *Endomeninx:* Leptomeninx: Vakuolen, Subarachnoidalraum:
  - Arachnoidea
  - Pia mater

Mantel-/Satellitenzellen: aus der Neuralleiste
Faszikulation: Bildung eines Nervenfaserstranges

Innervation der Muskulatur

1. Rückenmuskeln: motorische Axone kontaktieren diese bereits im Myotom

2. Extremitäten: Nervenfortsätze wachsen bis zur Basis der Extremitäten – waiting period – konvergieren, verflechten sich und verteilen sich dann auf periphere Nerven (Plexus brachialis – Plexus lumbosacralis) – wachsen in die Extremität ein
neuromuskuläre Spezifität bedeutet: Die ~Nerven "kennen" ihr muskuläres Ziel.
Ein Axon trifft auf einen Muskel: es stellt das Wachstum ein + die Acetylcholinrezeptordichte wird erhöht. Werden mehrere Axone pro Muskelfaser gebildet, überlebt nur ein Axon, die anderen gehen unter durch Apoptose.

31.1.3 Vegetatives Nervensystem

Das vegetative Nervensystem wird unterteilt in:

- sympathisches NS
- parasympathisches NS
- enterisches NS

siehe auch „Begriffserklärung: Neuralleiste“ in Abschnitt 1 auf Seite 48

Sympathisches Nervensystem

- aus der Grundplatte Th1-L3 mit den Motoneuronen – Spinalnerv – Ramus communicans albus; Umschaltung im Grenzstrang oder in einem peripheren sympathischen Ganglion

- Alle postganglionären Neurone entstehen aus Neuralleistenzellen.
- Wanderung von *Sympathikoblasten* (Neuralleistenzellen, aus denen Nervenzellen des sympathischen Nervensystems hervorgehen) vor die Wirbelsäule
    - Bildung der prävertebralen Ganglien
    - postganglionäre Fasern ziehen mit Spinalnerven und Gefäßen zu den Zielstrukturen
- ursprünglich segmental angeordnete sympathische Ganglien verschmelzen zum → Grenzstrang

- siehe auch „Nebenniere“

Parasympathisches Nervensystem

- Ursprung:
    - aus Kernen im Stammhirn (z.B. HN III, VII, IX, X)
        - zu kranialen Ganglien (Ggl. ciliare, pterygopalatinum, submandibulare, oticum)
        - zu intramuralen und submukösen Ganglien
    - 2.- 4. Sakralsegment
- postganglionär: aus der kranialen / sakralen Neuralleiste

Enterisches Nervensystem

- Ausbildung der intramuralen Ganglien: Plexus myentericus (Auerbach) und Plexus submucosus (Meissner)
    - aus Zellen des okzipitalen Abschnitts der Neuralleiste
        - Ausnahme Rektum: Zellen aus der sakralen Neuralleiste

VIEL ERFOLG BEI DEN NÄCHSTEN PRÜFUNGEN!

32 5. Neurotestat

32.1 Beispiele für mögliche Testatfragen

- Wie gliedert sich die Großhirnrinde?
- Welche Funktion hat die Insula?
- Was ist der Homunkulus?
- Was ist der Unterschied zwischen Neuralrohr und Neuralleiste?
- Welche Hirnteile sind entwicklungsgeschichtlich alt, welche jung?
- Von welchem Hirnteil werden die wichtigen vegetativen Steuerungaufgaben übernommen?
- Wie und wo wird der Liquor gebildet, wie und wo wird er resorbiert?
- Wo befinden sich Anteile des Plexus choroideus und wie ist dieser aufgehängt?
- Was ist das Atemzentrum?
- Wie gliedert sich die Hypophyse und wie entsteht sie?
- Welche Bahnen verlaufen in den Kleinhirnstielen?
- Wie läßt sich das Kleinhirn funktionell, wie topographisch und wie ontogenetisch gliedern?
- Aus wievielen Schichten besteht die Großhirnrinde? Ist die Rinde in allen Anteilen gleichartig aufgebaut?
- Was ist der Unterschied zwischen einer Kommissurenbahn und einer Projektionsbahn?
- Wie entwickelt sich das Gehirn, wie das Ventrikelsystem?
- Was ist ein Spinalnerv, wo liegen die Perikarya und welche Qualitäten hat der Spinalnerv?
- Welche Anteile zählen zum limbischen System?
- Wie wird eine Lumbalpunktion durchgeführt, welche Schichten werden dabei durchstochen?
- Was ist die Pyramidenbahn, wo liegt sie und wo kreuzen die Fasern?
- Was ist eine Hemianopsie? Welche Störungen liegen bei einem durchtrennten Tractus opticus vor?
- Welche Bahnen verlaufen wo in der Capsula interna? Warum ist das wichtig?
- Welche Folgen hat es, wenn bestimmte Bahnen im Rückenmark ausfallen?
- Was ist das innere, was das äußere Fazialisknie?
- Welche Hirnteile werden bei hohem Hirndruck besonders leicht eingeklemmt?
- Welche Hirnnervenkerne sind motorisch, welche sensibel?
- Welche Teile des Gehirns sind beim Morbus Parkinson defekt? Welcher Transmitter ist beteiligt?
- Welche Verbindungen bestehen zwischen den einzelnen Liquorräumen?
- Wie sind Sympathikus und Parasympathikus organisiert? Wie unterscheiden sich beide Systeme?
- Welche Zellen bilden das Vorderhorn des Rückenmarkes?
- Wie kommt es zu einer schlaffen, wie zu einer spastischen Lähmung?
- Wo treten die Hirnnerven durch die Schädelbasis?
- Wie ist der venöse Abfluß des Gehirns organisiert, wie die arterielle Blutversorgung?
- In welchen Raum blutet es bei einem Riß der A. meningea media?
- Wo ist ein epidurales Hämatom genau lokalisiert, wo ein subdurales?
- Welche Besonderheit zeigt der N. opticus im Vergleich zu anderen Hirnnerven?
- Mit welcher Hemisphäre des Großhirns arbeitet die linke Kleinhirnhemisphäre zusammen, auf welcher Seite beeinflußt sie die Muskulatur? Was leistet die dominante Hemisphäre?
- Lassen sich bestimmten Hirnarealen bestimmte Merkmale der Persönlichkeit zuordnen?
- Was ist ein Split-brain?
- Was ist der Papez-Kreis?
- Welche Transmitter kommen bevorzugt in welchen Hirnabschnitten vor?
- Was sind die Basalganglien? Was passiert bei ihrem Ausfall?

Das Wichtigste: Strukturen müssen am Präparat **gezeigt** werden können!

33 Abbildungen

34 Index

N

T

U

V

W

Z